图解景观设计

100 个经典

植物配置

张剑　著

江苏凤凰美术出版社

图书在版编目（CIP）数据

图解景观设计：100个经典植物配置 / 张剑著. —
南京：江苏凤凰美术出版社，2023.1
ISBN 978-7-5741-0448-8

Ⅰ.①图… Ⅱ.①张… Ⅲ.①园林植物–景观设计–
图解 Ⅳ.①TU986.2-64

中国版本图书馆CIP数据核字（2022）第233033号

出版统筹	王林军	
特约审校	杨　琦	
责任编辑	王左佐	
装帧设计	李　迎	
责任校对	韩　冰	
责任监印	唐　虎	

书　　名	图解景观设计　100个经典植物配置
著　　者	张剑
出版发行	江苏凤凰美术出版社（南京市湖南路1号　邮编：210009）
总 经 销	天津凤凰空间文化传媒有限公司
总经销网址	http://www.ifengspace.cn
印　　刷	雅迪云印（天津）科技有限公司
开　　本	787 mm×1 092 mm　1/16
印　　张	12
版　　次	2023年1月第1版　2023年1月第1次印刷
标准书号	ISBN 978-7-5741-0448-8
定　　价	99.00元

营销部电话　025-68155792　营销部地址　南京市湖南路1号
江苏凤凰美术出版社图书凡印装错误可向承印厂调换

前言

　　植物，作为风景园林要素之一，融合了自然与人文特性，具有美学价值。在创新、协调、绿色、开放、共享的新发展理念下，植物作为风景园林要素的价值愈加凸显，现实中亦不乏优秀案例。从设计方案到落地实施，囿于设计者、管理者和施工者等多方的协同与沟通实效，最终效果有时差强人意。全球"景观都市主义"领军人物伊娃·卡斯特罗在谈及自己在 2013 年第九届中国（北京）国际园林博览会上的设计作品——"凹陷花园"时，提到："非常遗憾的是，建造完后的现场中，植物的搭配和花卉的选择没有达到我们的预期。"

　　为此，本书基于笔者近年来的实地考察与积累，选择建成效果较好的案例，从实景向方案反向推演，以期为景观设计师提供可借鉴参考的实践资料。感谢山东大学海洋学院张伟教授和赵宏教授，以及威海市高区市政园林局孙淑君高工对本书的审定和校正！感谢山东大学研究生马佳丽、郭嘉宝、张新雨、张朋、于政、李婷、李张利佳、高少奇、范泽琨、胡欣欣、房克凡、王梦秋等在本书写作过程中的资料整理与绘制！同时感谢为本书出版付出的所有朋友和工作人员！

　　因部分案例照片收集时间久远，笔者凭借记忆、经验和专业素养对照片中的植物种类、规格和株距进行估判，虽邀请植物分类专家学者、行业高级工程师等对内容进行审核，但受图片清晰程度和笔者能力所限，难免存在数据不够精准，亦有疏漏之处，敬请读者批评指正，不吝赐教。

张剑

2022 年 07 月 07 日于威海

目录

公共空间

滨水景观 6

城市广场 23

公路街道 36

公园绿地 46

商业街 84

植物景观小品 91

半公共空间

附属庭院空间 98

居住区空间 108

室外停车空间 133

校园空间 136

半私密空间

公园的半私密空间 154

街道休闲区 163

居住区半私密空间 168

屋顶花园空间 172

半私密庭院 174

私密空间

园林庭院空间 178

住宅私密空间 189

公共空间

滨水景观

城市广场

公路街道

公园绿地

商业街

植物景观小品

滨水景观

特点描述

　　威海环翠楼公园的盆景园，运用高低错落的植物群落强化地形，建筑位于最高处，可俯瞰全园景色。建筑前种植地被植物和矮灌木以保证视线的通畅。春夏时节，迎春、美人梅、红叶石楠等相继开放，色彩鲜艳；搭配水杉形成竖向上的丰富变化；利用灌木与置石点缀水岸，强化自然感。

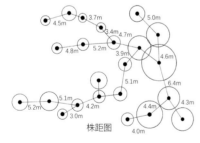

株距图

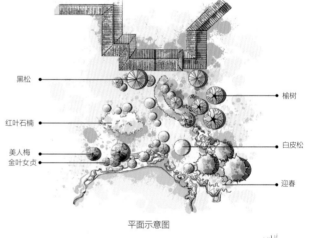

平面示意图

植物配置表

植物名称	图例	高度 (cm)	冠幅 (cm)	胸（地）径 (cm)	数量
黑松		500~600	300~400	D10~12	2
榆树		800~900	300~350	Φ12~15	3
白皮松		150~200	200~250	D15~18	1
美人梅		250~300	180~200	D5~10	2
红叶石楠		80~100	90~110	—	6
金叶女贞		70~85	80~100	—	4
迎春		30~45	30~40	—	—

注1：本书植物配置表中"数量"栏中的单位均为株；表格中"—"均表示根据种植面积计算数量。

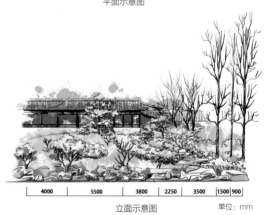

立面示意图

单位：mm

注2：本书立面示意图中单位统一为 mm

特点描述

　　块石砌成的挡土墙高度逐层递减，不仅丰富了立面的景观层次，且为滨水空间的疏林草地提供了一个相对安静、私密的空间。列植的高大樟树形成了纵深的线性空间，为滨水步道和观景平台提供了树荫。

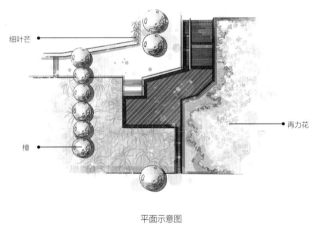

平面示意图

株距图

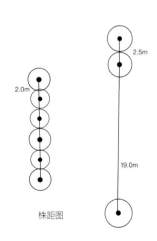

植物配置表

植物名称	图例	高度（cm）	冠幅（cm）	胸（地）径（cm）	数量
樟		1000~1300	300~350	Φ15~20	9
细叶芒		60~80	35~50	—	—
再力花		30~50	30~40	—	—

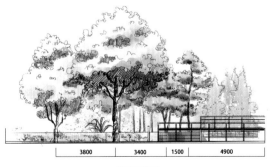

立面示意图

特点描述

　　运用层次丰富的浮水植物、挺水植物以及诸多沼生植物，组成丰富的滨水植物景观。岸边虚实相间的植物配置在留出合理透视线的同时，形成了多样的休憩空间，疏林草地能够满足聚会、户外游玩、日光浴等活动的需要。

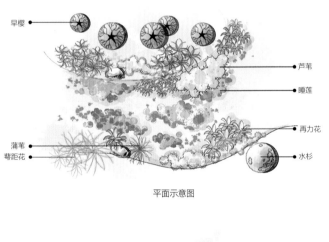

平面示意图

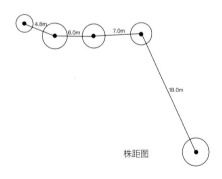

株距图

立面示意图

植物配置表

植物名称	图例	高度 (cm)	冠幅 (cm)	胸（地）径 (cm)	数量
水杉		800~1000	350~400	Φ20~25	1
早樱		800~900	200~300	D15~18	5
萼距花		180~200	100~120	—	5
蒲苇		90~100	100~150	—	1
芦苇		80~100	50~70	—	
再力花		40~60	30~40	—	
睡莲		20~30	50~60	—	

特点描述

　　上海辰山植物园的一处滨水景观，植物配置高度由远及近、由外及内逐渐降低，形成以水景为核心的多层次景观。采用对比统一的构图手法，远景中卵圆形的樟树衬托出尖塔形水杉的变化韵律，近岸的密衬托对岸的疏，使高大的植物组团得以完整地展现。

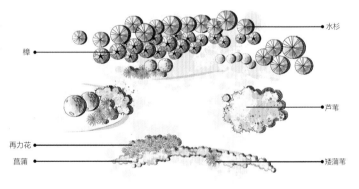

平面示意图

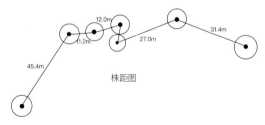

株距图

植物配置表

植物名称	图例	高度 (cm)	冠幅 (cm)	胸（地）径 (cm)	数量
水杉		1300~1600	300~350	Φ20~25	17
樟		700~800	350~400	Φ20~25	19
芦苇		80~100	50~70	—	
再力花		50~70	30~40	—	
菖蒲		30~50	—	—	
矮蒲苇		60	—	—	

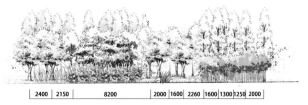

立面示意图

特点描述

　　对岸高大的落羽杉和垂柳围合水体，形成近似半私密的空间；滨水木栈道结合竹林，有效地隔离了外部环境的干扰和视线，为进入空间的游人提供自然而恬静的沉浸式体验。

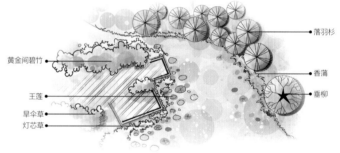

平面示意图

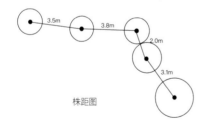

株距图

植物配置表

植物名称	图例	高度 (cm)	冠幅 (cm)	胸（地）径 (cm)	数量
落羽杉		900~1100	300~400	Φ20~25	11
垂柳		750~850	450~500	Φ25~30	1
黄金间碧竹		700~800	60~80	D5	—
香蒲		60~80	—	—	
灯芯草					
王莲		—	—	—	
旱伞草		—	—	—	

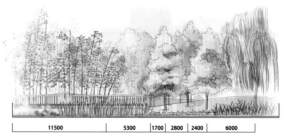

立面示意图

特点描述

　　乔（樟树）、灌（凹叶女贞）、草（水生草本：再力花和菖蒲）植物组合分割空间，亦营造不同的景观氛围；植物按种类集中布局，形成了层次丰富的秩序美。樟树为主景，位于最高处平台，前观湖城一体，后望自然野趣；水生植物株形美观，亦有净化水质之功能；凹叶女贞统一立面，突出层次。整个景观具有较强的韵律感，形成了独特的台阶式滨水景观。

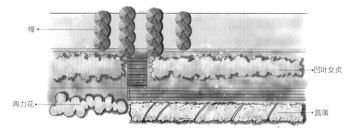

平面示意图

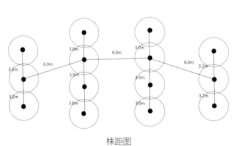

株距图

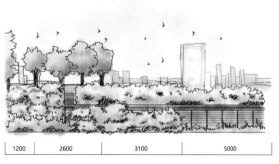

立面示意图

植物配置表

植物名称	图例	高度(cm)	冠幅(cm)	胸(地)径(cm)	数量
樟		500~550	300~400	Φ20~25	14
凹叶女贞		50~60	120~150	—	—
再力花		40~60	30~40	—	—
菖蒲		40~80	10~20	—	—

特点描述

　　以杜鹃打造"鲜花怒放,落英缤纷"的滨水景观,黑松与水杉群落之间留有透视视线,以增加景深,用粉白双色杜鹃将其统一为一个整体。石砌驳岸呈横向布局,错落有致,同时也是游人的亲水空间。配以阔叶植物的松杉群落、杜鹃、石岸、水体形成了色彩层次、质感纹理以及空间虚实上的丰富变化。

平面示意图

株距图

植物配置表

植物名称	图例	高度(cm)	冠幅(cm)	胸(地)径(cm)	数量
水杉		800~1000	350~400	Φ20~25	14
榉树		600~720	400~520	Φ18~20	2
黑松		400~500	350~450	Φ15~18	7
杜鹃		60~70	40~50	—	—
大叶黄杨		60~70	50~60	—	—

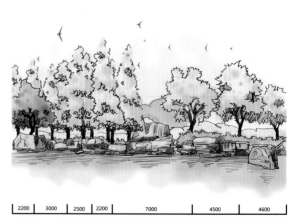

立面示意图

特点描述

　　滨水景观的营造包括岸上景观与水中景观两部分。岸上以毛白杨、垂柳为主景，营造"杨柳岸，晓风残月"意境。岸上的杨柳与水中的荷花、睡莲遥相呼应，栈桥伴入湖中，人们如置身于波光粼粼之上，感受"杨柳荷花处处风"的景观意境。水中点缀芦苇，增强了水体的自然气息。

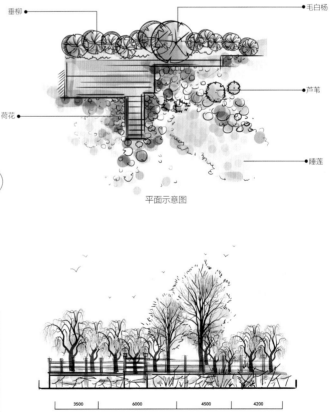

平面示意图

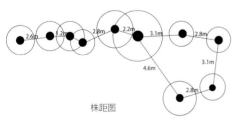

株距图

植物配置表

植物名称	图例	高度 (cm)	冠幅 (cm)	胸（地）径 (cm)	数量
毛白杨		900~1000	500~600	Φ35~40	3
垂柳		600~650	400~450	Φ30~35	9
芦苇		—	—	—	—
荷花		—	—	—	—
睡莲		—	—	—	—

立面示意图

特点描述

　　自然式布局中的河道溪流景观需要营造自然天成之美。石块点缀河道驳岸，高大的落羽杉界定空间，配合河道的S形曲线，与远山构成透视线和框景，木芙蓉、美丽胡枝子以及水生的再力花和菖蒲等依次向河道集聚，引导视线，并丰富植物景观层次和林冠线。

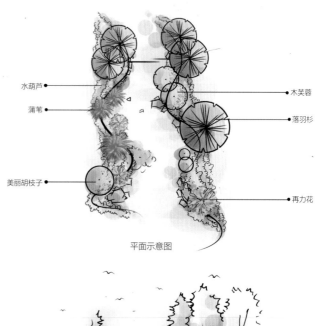

水葫芦　　　　　　　　　　　　　　　　　　木芙蓉

蒲苇　　　　　　　　　　　　　　　　　　落羽杉

美丽胡枝子

再力花

平面示意图

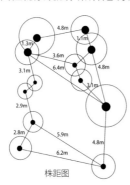

株距图

植物配置表

植物名称	图例	高度 (cm)	冠幅 (cm)	胸（地）径 (cm)	数量
落羽杉		1000~1200	350~450	Φ25~30	5
木芙蓉		200~250	200~250	—	2
再力花		90~120	70~90	—	2
蒲苇		90~100	—	—	4
美丽胡枝子		120~150	130~160	—	1
水葫芦		10~15	—	—	—

立面示意图

特点描述

    该空间直接在水面进行榉树列植，4株一组形成两条错位平行直线，与水体的同心圆构成优美的平面几何构图。植物极大地融合了金属框架的刚性与水体的优柔之美。规则的布局手法让空间整洁有序，同时也与建筑相统一。同心圆式的水面，通过倒影丰富了水体的色彩、景深以及空间的互动性。

榉树

平面示意图

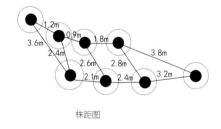

株距图

植物配置表

植物名称	图例	高度 (cm)	冠幅 (cm)	胸（地）径 (cm)	数量
榉树	⭕	550~600	300~350	Φ12~15	8

| 1000 | 1500 | 2000 | 2000 | 1800 |

立面示意图

特点描述

　　清新的绿地柔和了场景氛围，成片种植的水杉在空旷平整的滨水空间中形成一处高耸的视觉焦点，既是局部的主景，也是观景点到水域之间的漏景。高大的尺度感和起伏变化的林冠线，充满了自然野趣，增强了滨水空间的感染力，明晰了近中远景的层次关系，丰富了空间构图。

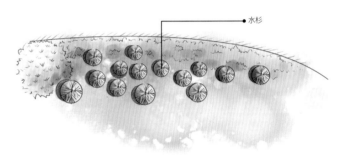

平面示意图

植物配置表

植物名称	图例	高度 (cm)	冠幅 (cm)	胸（地）径 (cm)	数量
水杉		800~1000	200~250	Φ15~20	14

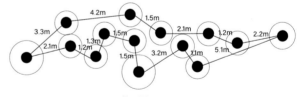

株距图

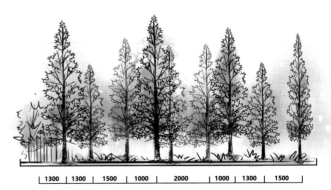

立面示意图

特点描述

　　水域与道路分割、围合的空间界定了乔木布局的范围，落羽杉作为耐涝、耐盐碱的植物，适合靠近水域种植，道路两侧的丛植形式自然而又均衡，平面布局则强化了河流与道路的纵向感。耸立的尖塔形落羽杉在视觉上与少量的几株垂枝形的柳树形成突变韵律，主次分明，与水生植物共同营造了湿生植物群落特征。

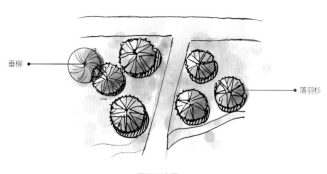

垂柳

落羽杉

平面示意图

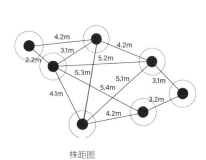

株距图

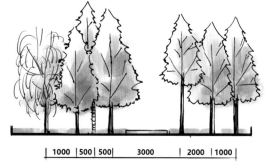

| 1000 | 500 | 500 | 3000 | 2000 | 1000 |

立面示意图

植物配置表

植物名称	图例	高度 (cm)	冠幅 (cm)	胸 (地) 径 (cm)	数量
落羽杉		1200~1600	200~400	Φ25~30	6
垂柳		1200	310	Φ30	1

特点描述

　　在滨水景观中成片种植水生植物是较为常见的方法，成片种植的千屈菜和再力花使水面空间的景观层次和色彩更加丰富，挺水植物与岸上的木平台等景观设施相映衬，统一了岛屿与人工平台之间的关系，二者互为对景。岛上以乔木为主的突变韵律构成中景，借景远处的建筑，增加了景深和景观构图的完整性，整体上风韵优雅、清新自然。

平面示意图

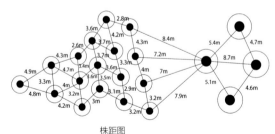

株距图

植物配置表

植物名称	图例	高度(cm)	冠幅(cm)	胸(地)径(cm)	数量
千屈菜		30~40	30~40	—	—
再力花		40~50	30~35	—	—
大花紫薇		650~800	200~300	D10~20	4
水杉		300~350	100~150	Φ6~7	15

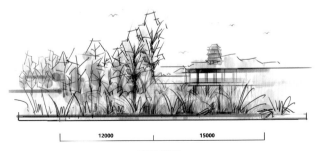

立面示意图

特点描述

    滨水空间与桥梁等建筑设施之间的衔接存在软硬、纵横等矛盾而易流于生硬，合理的绿化设计是解决问题的关键。设计场地地势平坦，以草坪为基础，杉树列植于水岸与桥梁交汇处，植株高大挺拔，尺度适宜，很好地统一了二者之间的冲突，更为游人提供了亲水与观景的阴凉空间。在植物组合与观赏者之间形成了良好的视距，树干形成的漏景增加了景深，起到扩大空间视觉效果的作用，构建出优美而丰富的滨水空间。

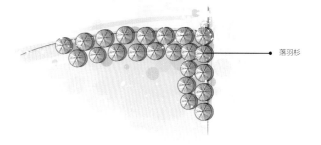

落羽杉

平面示意图

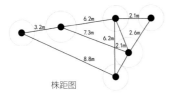

株距图

植物配置表

植物名称	图例	高度 (cm)	冠幅 (cm)	胸径 (cm)	数量
落羽杉		1000~1800	200~400	40	22

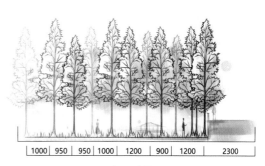

| 1000 | 950 | 950 | 1000 | 1200 | 900 | 1200 | 2300 |

立面示意图

特点描述

　　水景是公园景观的重要组成部分。本设计是由步行道围合形成的小型水景空间，而置石、跌水、微型喷泉、水生植物等景观元素的应用，却使之妙趣横生。设计需要处理好道路与水景之间的关系，并满足亲水观景的需求。依然延续以高大乔木为行道树，不破坏道路整体景观，圆形植坛伸入水中，设置护栏，亦可坐人，植坛间设置可亲水的台阶，实现了亲水与交通功能的兼顾与融合。

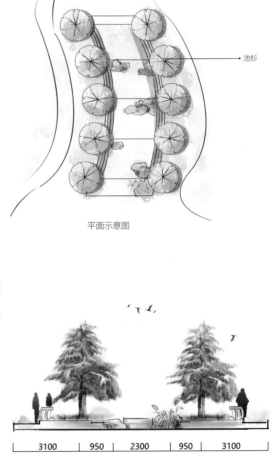

池杉

平面示意图

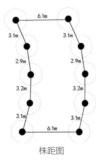

株距图

植物配置表

植物名称	图例	高度（cm）	冠幅（cm）	胸径（cm）	数量
池杉	✳	1600~2000	200~400	40	10

立面示意图

3100	950	2300	950	3100

特点描述

　　该处为北京植物园入口景观，自然式的山水植物布局作为入口对景，体现植物园尊重自然的建设理念。假山瀑布由远及近，高低错落的大面积混交树群作为背景，衬托出瀑布水景的主体地位，动静结合，体现自然之美。近处水岸栽植几株高大乔木，配以小灌木，丰富了景观空间层次和构图，视觉上也以树干形成对瀑布的框景，"虽由人作，宛自天开"的动态山水画映入眼帘。

平面示意图

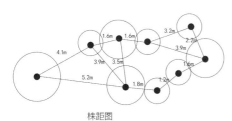

株距图

植物配置表

植物名称	图例	高度 (cm)	冠幅 (cm)	胸（地）径 (cm)	数量
刺槐		1100~1200	380~410	Φ30~35	3
臭椿		430~500	300~350	Φ10~15	2
垂柳		1200~1300	350~450	Φ35~45	1
加杨		1200~1400	400~500	Φ20~35	1
大叶黄杨		65~85	70~90	—	15

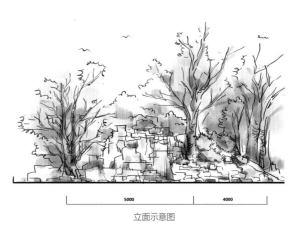

立面示意图

特点描述

    错落有致的石块作为水体驳岸，自然曲折，与菖蒲等水生植物搭配，更贴近自然，也为游人提供稳定、安全的亲水空间。一组高大挺拔的水杉，配合花灌木，构成主次分明、疏密有致的植物组合，一方面遮蔽了与环境格格不入的建筑；另一方面，充实了水岸背景，水中倒影凸显完整的景观构图，妙趣横生。

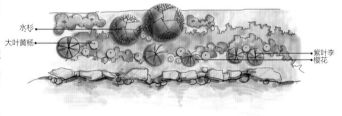

平面示意图

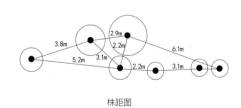

株距图

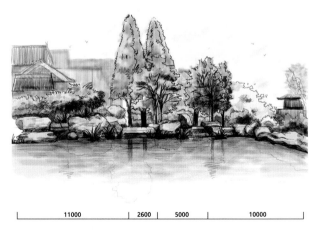

立面示意图

植物配置表

植物名称	图例	高度 (cm)	冠幅 (cm)	胸(地)径(cm)	数量
水杉	●	1000~1200	300~350	Φ38~43	2
樱花	✳	320~340	260~270	D10	2
紫叶李	✜	260~290	255~270	D12	3
大叶黄杨	◉	50~70	60~90	—	8

城市广场

特点描述

    本案例位于沈阳世博园主题园区，入口广场铺装与自然式丛植乔木一体化设计，起到标识作用，并优化整体构图。自然密林为前广场区域提供了浓密的绿色背景，一定程度上遮挡了地形上裸露的土壤，广场上树池采用点状分布，或列植于溪流一侧，为在广场行走游览的人们遮阴。

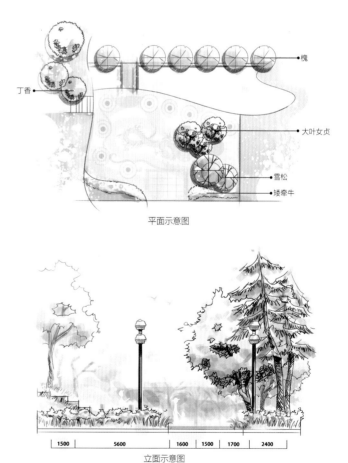

平面示意图

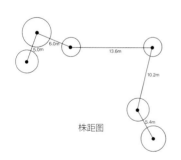

株距图

立面示意图

植物配置表

植物名称	图例	高度(cm)	冠幅(cm)	胸(地)径(cm)	数量
槐		750~850	500~600	Φ15~20	6
丁香		700~800	400~450	Φ15~18	3
大叶女贞		650~750	450~500	D20~25	3
雪松		800~900	450~550	—	2
矮牵牛		20~25	10~15	—	—

特点描述

　　广场地势较低，周围自然植被依托地形营造了安静舒适的整体空间氛围。张拉膜休息设施作为空间主景，与水景相呼应，场地和主景均为圆形。草坪和树池等绿植均以不同直径的圆形控制场地，形成多样统一的广场景观。

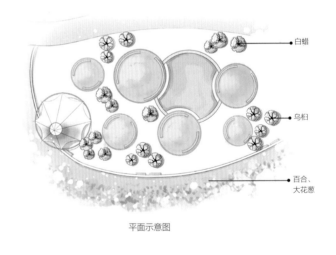

平面示意图

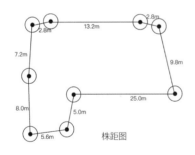

株距图

植物配置表

植物名称	图例	高度 (cm)	冠幅 (cm)	胸（地）径 (cm)	数量
白蜡		500~600	350~450	Φ15~18	10
乌桕		400~450	250~350	Φ6~8	10
百合、大花葱		30~40	—	—	—

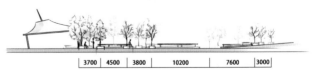

立面示意图

特点描述

公园综合服务区内的林荫广场，面积上充分保障容纳足够的游览人群，用低矮的地锦作为绿篱与道路相分隔，刺槐树阵营造了自然森林的浓密感和阴凉的休息空间，搭配木质和石质座椅以及色彩丰富的一二年生草本植物，有利于提亮空间，使人们转换心境。

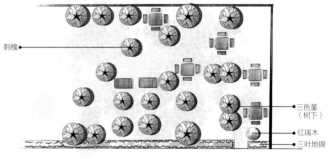

平面示意图

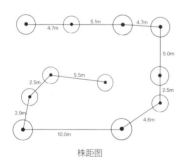

株距图

植物配置表

植物名称	图例	高度 (cm)	冠幅 (cm)	胸（地）径 (cm)	数量
刺槐		800~1000	450~500	Φ18~20	22
红瑞木		100~150	200	—	1
三色堇	—	10~15	10~15	—	—
三叶地锦		50~70	40~50	—	—

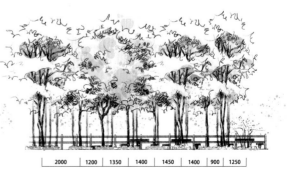

立面示意图

特点描述

　　城市公园入口前广场空间应具有集散和引导人流的功能。人行主方向正对一组喷泉，与造型松组合，既为对景，也是采用障景的手法打破入口的幽深感，通过自然式节点的大分散、小集中形成步移景异的景观体验效果。

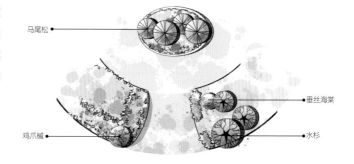

平面示意图

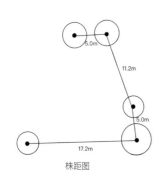

株距图

植物配置表

植物名称	图例	高度 (cm)	冠幅 (cm)	胸径 (cm)	数量
马尾松		700~800	450~500	25~35	4
水杉		1000~1200	400~450	18~20	3
鸡爪槭		600~650	400~450	18~20	1
垂丝海棠		400~500	350~400	18~20	1

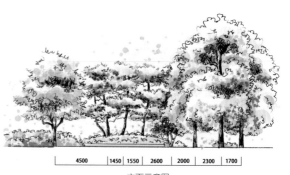

立面示意图

特点描述

　　韩国三星汽车博物馆周边景观设施以群植的乔木为背景，树冠紧密搭接构成完整的绿色屏障，树形的多样化和绵延的林冠线则凸显自然静逸之美。植物与设施之间不仅有着强烈的色彩对比，而且共同塑造了场所的静与动、开与合、硬与软的冲突，从而进一步强化了设施的主题性。

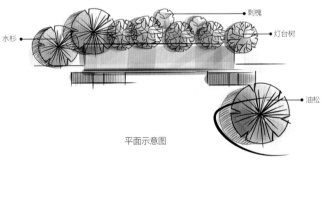

平面示意图

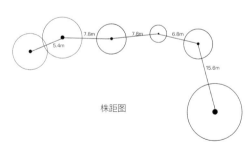

株距图

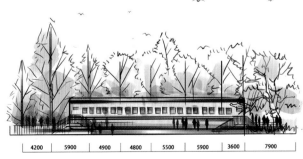

立面示意图

植物配置表

植物名称	图例	高度 (cm)	冠幅 (cm)	胸（地）径 (cm)	数量
油松		400~500	350~400	Φ15~20	1
刺槐		1000~1100	500~550	Φ20~22	2
水杉		1000~1300	500~600	Φ20~25	2
灯台树		900~1000	400~450	Φ25~30	5

特点描述

    城市广场的休憩区，一方面通过设施的材料、色彩和造型设计体现地方文化特色，照明设施兼具界定空间的作用；另一方面，树阵与设施相结合，采用重复律，使得场地开敞而严整。

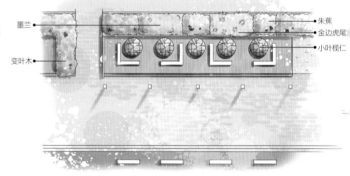

平面示意图

4.0m

株距图

植物配置表

植物名称	图例	高度 (cm)	冠幅 (cm)	胸（地）径 (cm)	数量
小叶榄仁		450~500	350~400	D6~8	5
朱蕉		60	25~35	—	52
金边虎尾兰		50~60	40~45	—	47
变叶木		30~40	20~30	—	
墨兰		45~50	35~40	—	

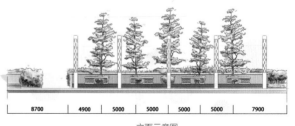

| 8700 | 4900 | 5000 | 5000 | 5000 | 5000 | 7900 |

立面示意图

特点描述

　　韩国某城市商业区前广场，乔木顺应建筑和铺装笔直的线条纹理，列植于建筑一侧，统一建筑立面，并界定广场和建筑空间。矮墙营造半私密空间，并分割功能区，打破带状绿植的狭长感，强化节奏性，整个空间整洁有序。

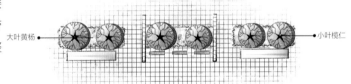

平面示意图

株距图

植物配置表					
植物名称	图例	高度 (cm)	冠幅 (cm)	胸（地）径 (cm)	数量
小叶榄仁		600~700	200~400	Φ15~20	6
大叶黄杨		55~65	40~50	—	—

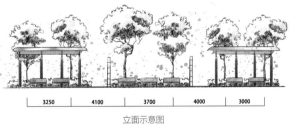

立面示意图

特点描述

　　广场边缘以色叶乔木为空间界线，植株规格较大，树形优美且有辨识度。不仅可以遮阴纳凉，而且具有很好的视觉通透性。色彩上，红黄相间，色调和谐，强化了广场入口给人的印象。

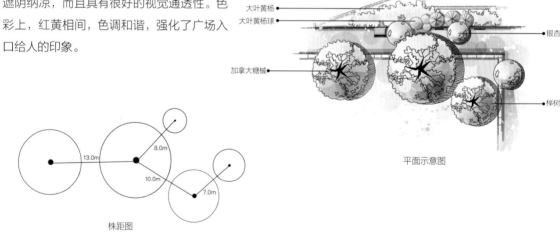

大叶黄杨
大叶黄杨球
银杏
加拿大糖槭
榉树

平面示意图

株距图

8.0m
13.0m
10.0m
7.0m

植物配置表

植物名称	图例	高度 (cm)	冠幅 (cm)	胸（地）径 (cm)	数量
榉树		800~1000	550~700	Φ25~35	1
加拿大糖槭		500~550	500~600	Φ20~30	2
银杏		1000~1200	550~600	Φ20~25	3
大叶黄杨球		60~80	80~100	—	3
大叶黄杨		50~60	40~50	—	—

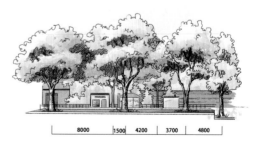

8000　1500　4200　3700　4800

立面示意图

特点描述

　　城市广场边缘的黄连木以其独特的色彩和优美的树姿成为空间主景，周围景观设施具有不同尺度、不同功能和不同色彩的特点。但是所选用的孤植树在色彩上兼具设施主色，在体量上足以统筹。背景内的乔木、灌木、地被植物与地形相结合，形成层次丰富，颜色多变的植物组团。

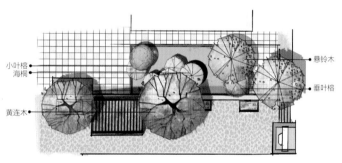

平面示意图

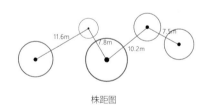

株距图

植物配置表					
植物名称	图例	高度 (cm)	冠幅 (cm)	胸径 (cm)	数量
黄连木		1000~1500	700~800	30~40	2
悬铃木		1000~1300	600~700	35~45	2
垂叶榕		250~350	200~300	15~20	1
小叶榕		250~300	200~300	20~30	4
海桐		200~250	200~250	15~20	1

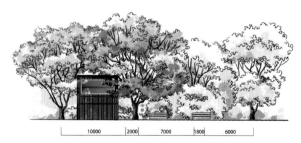

立面示意图

特点描述

　　场地为商业广场中心节点，孤植树位于中心，铺装及周围绿化以其为圆心形成同心圆，艺术座椅强化其核心感，使视觉由外而内向中心聚焦，周围植物以松树为主，既有防风功能，也营造了自然的外环境，通过对比而凸显广场的规整性。

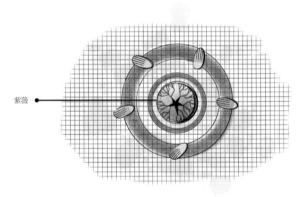

紫薇

平面示意图

植物配置表

植物名称	图例	高度 (cm)	冠幅 (cm)	胸径 (cm)	数量
紫薇	🌸	250~300	100~200	—	1

10200	10500

立面示意图

特点描述

　　场地为商业广场景观，以折线设计为主，广场与建筑之间植物配置采用自然式布置。以高大植物构建视觉屏障，保障室内外空间互不干扰，并强化场地围合感，营造空间的整体性。

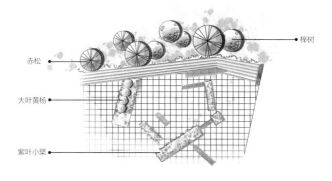

平面示意图

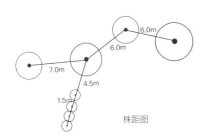

株距图

植物配置表

植物名称	图例	高度 (cm)	冠幅 (cm)	胸（地）径 (cm)	数量
赤松		600~700	250~300	Φ20~25	4
榉树		400~500	150~200	Φ10~15	4
大叶黄杨		60~80	80~100	—	—
紫叶小檗		70	50	—	—

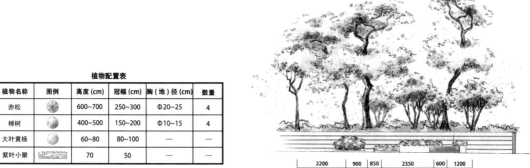

立面示意图

特点描述

　　建筑周边的植物景观应与建筑风格相协调。矩形几何元素构成的新中式风格建筑，前方的小型广场亦采用规则式布局。植物矩形配置 4 株银桦，树干笔直，树冠整齐，树下植坛点缀彩色花卉，打破单一的色彩。方形坐凳与建筑外墙材料一致，摆放方式与植物配置相呼应，衬托出简洁而文雅的中国韵味。

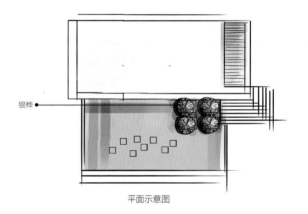

银桦

平面示意图

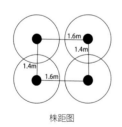

株距图

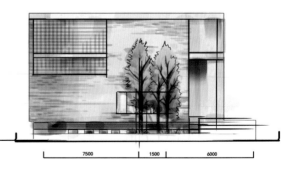

立面示意图

植物配置表

植物名称	图例	高度 (cm)	冠幅 (cm)	胸径 (cm)	数量
银桦		550~600	120~140	10~15	4

特点描述

在方向多、人流密集的道路交叉口，往往设置小型广场来起到引导人流和交通的功能。入口处对植樱花形成框景，具有强调和标示入口的作用。整形的背景植物衬托出中心圆坛的樱花，形成视觉焦点，并实现人群分流。步移景异，多样变化中实现统一。

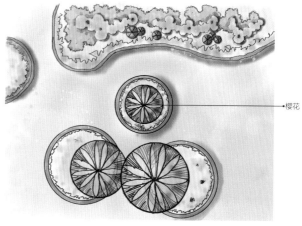

樱花

平面示意图

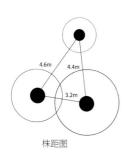

株距图

植物配置表

植物名称	图例	高度 (cm)	冠幅 (cm)	胸径 (cm)	数量
樱花		450-550	350-400	28-32	3

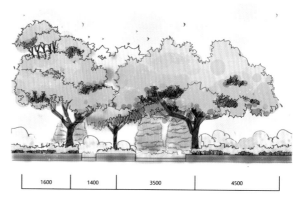

立面示意图

公路街道

特点描述

　　植物组团位于道路拐弯处，在街道形象展示方面发挥了重要的作用。城市街道路口人流、车流量大，微地形点缀置石，结合醒目的孔雀草等草本花卉为底，姿态优美的造型松，作为组团主景，突出拐弯的轴心感，有效地提示和引导交通流线。

平面示意图

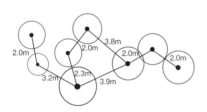

株距图

植物配置表

植物名称	图例	高度 (cm)	冠幅 (cm)	胸 (地) 径 (cm)	数量
银杏		800~1000	400~450	Φ8~15	6
白皮松		450~500	250~300	Φ10~15	2
油松		350~400	150~250	Φ8~12	1
海桐		100~120	80~100	—	3
金叶女贞		50~55	50~60	—	2
美国薄荷		50~60	40~50	—	1
凤尾兰		30~40	35~45	—	2
孔雀草		—	—	—	—

| 2400 | 2300 | 1550 | 2000 | 1250 | 3250 | 1350 |

立面示意图

特点描述

　　利用错落有致的植坛处理道路坡道一侧的高差，植坛内均列植造型优美的乔木作为主景，主要方向一侧种植色叶树，丰富行人感官体验；次要方向种植常绿针叶树，充当色叶树背景；最高处植坛采用群植方式突出整体以弱化细部，远看如"空中花园"。停车指示牌位于道路交汇处，采用白色和少量暖色勾边，在绿色背景的衬托下格外醒目。

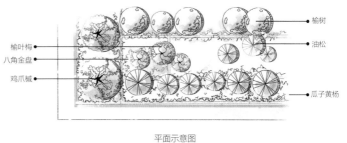

榆叶梅 ●——
八角金盘 ●——
鸡爪槭 ●——

——● 榆树
——● 油松

——● 瓜子黄杨

平面示意图

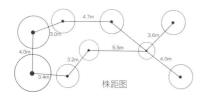

株距图

植物配置表

植物名称	图例	高度 (cm)	冠幅 (cm)	胸（地）径 (cm)	数量
榆树		800~900	400~450	Φ15~20	5
油松		600~650	300~350	Φ10~15	9
榆叶梅		300~350	200~250	D5~8	3
鸡爪槭		600~650	400~450	Φ18~20	2
瓜子黄杨		40~45	30~35	—	—
八角金盘		50~60	70~80	—	—

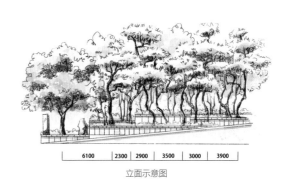

| 6100 | 2300 | 2900 | 3500 | 3000 | 3900 |

立面示意图

特点描述

　　作为城市干道的步行道与城市商业空间的过渡绿化带，强调功能性和秩序感。油松与国槐沿街道列植，浓密的树冠与行道树搭接提供了整片的荫蔽空间，构成了人性化的步行绿廊，步道采用红色铺装，更突显了这一功能和视觉效果，为行人提供了更加安全、舒适的步行体验。绿化带临街一侧边缘直接设计成坐凳，配以整形绿篱，提升安全感和亲和力，并具有界定空间的作用。

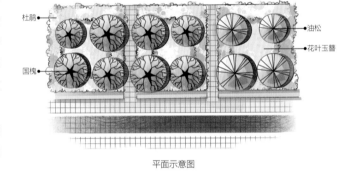

平面示意图

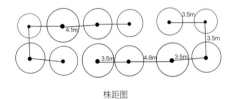

株距图

植物配置表

植物名称	图例	高度 (cm)	冠幅 (cm)	胸（地）径 (cm)	数量
油松		900~1000	500~550	Φ20~25	4
国槐		850~950	400~450	Φ20~25	8
花叶玉簪		30~35	20~25	—	—
杜鹃		60~70	40~50	—	—

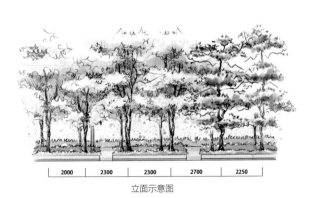

立面示意图

特点描述

　　植物组团位于城市道路拐弯处，设计需对过往车辆具有一定的引导与提醒作用。运用色彩多样的乔灌草植物组团，常绿与落叶搭配，以紫叶李和梧桐等乔木作为主景，以球形灌木为点缀，添加开花植物，形成醒目的具有季相变化的立体植物组团，由高及低，层次丰富，重点突出，可以吸引行人及过往车辆的注意力。

红叶石楠
红花檵木
假连翘

梧桐
紫叶李
无刺枸骨
草花花球
结香
玉簪

平面示意图

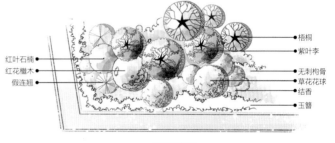

株距图

植物配置表

植物名称	图例	高度 (cm)	冠幅 (cm)	胸 (地) 径 (cm)	数量
梧桐		600~700	350~450	Φ10~15	3
紫叶李		300~350	120~150	D10~15	3
红花檵木		200~220	120~150	—	1
假连翘		200~250	120~150	—	1
红叶石楠		100~120	80~100	—	4
结香		60~70	25~30	—	5
无刺枸骨		40~50	45~50	—	—
草花花球		—	—	—	—
玉簪		30~40	20~30	—	—

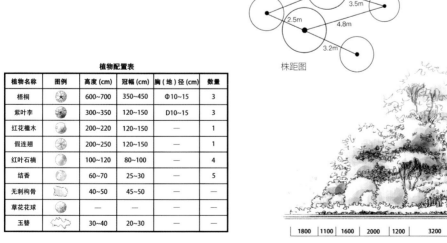

| 1800 | 1100 | 1600 | 2000 | 1200 | 3200 | 2000 | 3100 |

立面示意图

特点描述

　　以不同的高纯度色块花卉组成模纹色带，丰富道路拐弯处空间色彩。红黄绿三色灌木球与石块搭配构成中层景观，以高大的雪松为背景，配合向路面倾斜的地形，突出转角空间丰富的植物景观层次，花卉色带也为行人提供了变化的视觉体验。

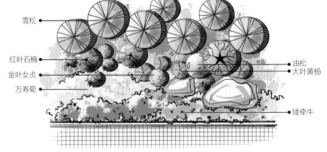

平面示意图

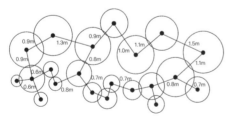

株距图

植物配置表

植物名称	图例	高度(cm)	冠幅(cm)	胸（地）径(cm)	数量
雪松		700~800	450~500	—	7
油松		250~280	180~200	D5~10	1
红叶石楠		100~120	100~150	—	3
大叶黄杨		60~80	70~100	—	4
金叶女贞		80~100	80~100	—	2
万寿菊		—	—	—	—
矮牵牛		—	—	—	—

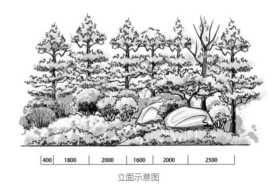

| 400 | 1800 | 2000 | 1600 | 2000 | 2500 |

立面示意图

特点描述

　　此街道景观节点一方面强化入口，起到美化城市道路的作用；另一方面，对其后的出风口形成遮挡。地被灌木、紫薇和黑松形成了由低到高的三个层次和色块，突出中层花灌木的主体地位，凸显其季相变化，植物组团成为城市街道上的良好视觉观赏焦点。

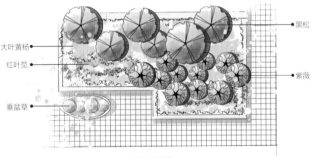

平面示意图

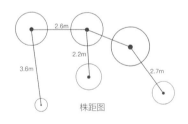

株距图

植物配置表

植物名称	图例	高度(cm)	冠幅(cm)	胸(地)径(cm)	数量
黑松		800~850	350~400	Φ20~25	6
紫薇		250~300	80~100	D5~10	11
垂盆草		15~20	20~25	—	4
大叶黄杨		100~120	100~150	—	—
红叶苋		20~30	20~30	—	—

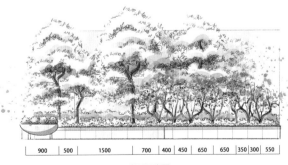

立面示意图

特点描述

    植物组团位于街道中心隔离带，选取有降噪、防风、净化空气作用的油松、蒲苇和萱草等，在丰富道路景观体验的同时，对转弯车辆具有一定的引导与提醒作用，植物组团高度由中心向两端递减，低矮草本植物不遮挡司机视线，以便对路况提前做出预判。

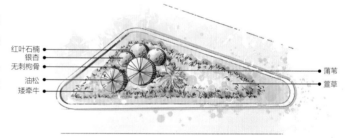

平面示意图

2.3m

株距图

植物配置表

植物名称	图例	高度(cm)	冠幅(cm)	胸(地)径(cm)	数量
银杏		1000~1200	550~600	Φ20~25	3
油松		400~500	200~250	D20~25	2
蒲苇		—	—	—	1
红叶石楠		80~100	90~110	—	
无刺枸骨		70~90	80~90	—	
萱草		—	—	—	
矮牵牛		—	—	—	

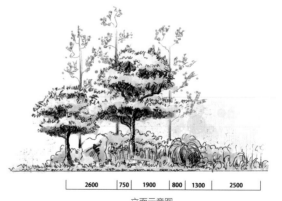

| 2600 | 750 | 1900 | 800 | 1300 | 2500 |

立面示意图

特点描述

　　红色的沥青人行路与绿色的植物组团形成较强的色彩对比，黄色金鸡菊沿着人行道种植来界定空间，防止行人进入，增添色彩，形成良好的观赏效果，兼具乡间野趣。乔木高低错落，丰富的林冠线变化，为步行者提供了良好的综合感官体验。

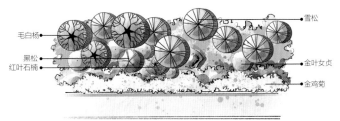

平面示意图

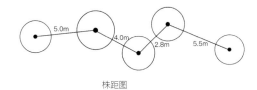

株距图

植物配置表

植物名称	图例	高度 (cm)	冠幅 (cm)	胸（地）径 (cm)	数量
雪松		550~650	300~400	—	7
毛白杨		700~800	300~350	Φ15~20	3
黑松		100~120	150~200	D5~10	1
红叶石楠		60~80	90~100	—	1
金叶女贞		40~50	35~45	—	6
金鸡菊		25~35	20~30	—	—

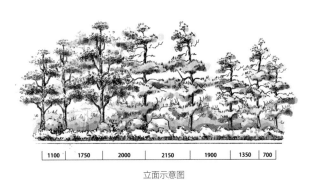

| 1100 | 1750 | 2000 | 2150 | 1900 | 1350 | 700 |

立面示意图

特点描述

　　以两排银杏为行道树，实现人车分流的自然过渡。植物配置的重点是人行道与建筑间的休闲空间。首先，充分利用场地高差，形成多级起伏变化的种植带，营造了多个供行人驻足、休息或交往的半私密空间，保障了行人活动的安全和空间体验感。其次，在植物选择上，以高大乔木为主，构成宜人的林荫空间，并注重植物色彩的搭配，鸡爪槭居中，沿道路平行方向在秋季形成了绿、红、黄三色植物景观带。第三，林下植坛内密植灌木，以丰富植物景观层次。构建了纵向平行有序，横向参差多变的街道步行景观空间。

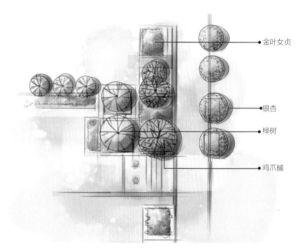

平面示意图

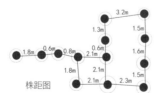

株距图

植物配置表

植物名称	图例	高度 (cm)	冠幅 (cm)	胸（地）径 (cm)	数量
鸡爪槭		800~1000	400~500	D10~12	3
银杏		1000~1200	300~400	Φ13~15	4
榉树		700~800	600~800	Φ13~16	5
金叶女贞		30~40	30~40	—	—

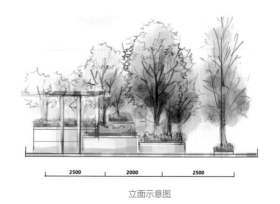

立面示意图

特点描述

　　道路植坛在设计中往往因不被重视，而缺少精致化设计。该设计在城市大环境下，突出道路景观的品质，以造型松树为主景，点缀花灌木；以草本花卉为基底，配以适当比例的置石。整体宛如盆景，色彩层次分明，造型别致典雅，错落有致，景观布局疏朗自然。

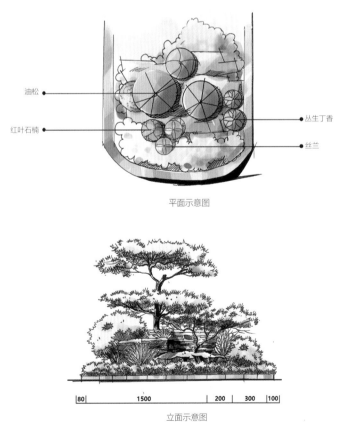

油松
红叶石楠
丛生丁香
丝兰

平面示意图

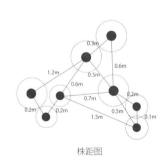

株距图

植物配置表

植物名称	图例	高度 (cm)	冠幅 (cm)	胸（地）径 (cm)	数量
油松		150~200	210~220	Φ7~10	3
红叶石楠		60~80	80~100	—	1
丝兰		35~50	45~65	—	2
丛生丁香		50~70	40~65	—	—

立面示意图

|80| |1500| |200|300|100|

公园绿地

特点描述

场地是公园中开阔的阳光草坪，草坪中间的置石与雕塑相互呼应，成为草坪空间的视觉焦点。中层的鸡爪槭与后面高大树群形成强烈对比，划分草坪空间，并为阳光草坪提供了良好的围合感，为主要观赏点形成良好的背景，使游客在草坪空间中享受安静和惬意。

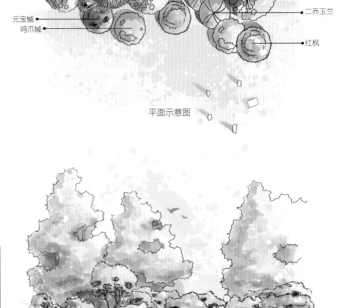

平面示意图

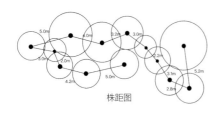

株距图

植物配置表

植物名称	图例	高度 (cm)	冠幅 (cm)	胸径 (cm)	数量
樟		1000~1300	400~450	15~20	4
柠檬桉		800~900	300~350	15~18	1
红枫		250~300	250~300	10~15	2
元宝槭		350~400	350~400	15~20	2
鸡爪槭		300~350	350~400	15~20	2
二乔玉兰		300~350	250~300	12~15	2

| 1500 | 950 | 2800 | 1300 | 2650 | 1400 | 2350 | 2500 |

立面示意图

特点描述

　　山地公园入口处植被颜色繁多，路两侧的草坪和花带使得入口空间自然而开阔，随道路曲折延伸的花带成为入口前景的视觉轴线，游客可随带状灌木及花卉走到公园入口，稀疏的林地与其后山石景观形成漏景，引导游客逐渐进入山地公园游览。

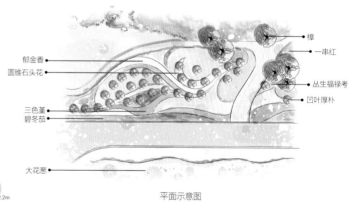

平面示意图

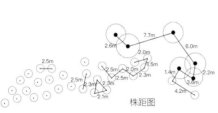

株距图

植物配置表

植物名称	图例	高度 (cm)	冠幅 (cm)	胸（地）径 (cm)	数量
樟		1000~1200	450~500	Φ25~30	6
凹叶厚朴		350~400	150~200	D5~10	32
大花葱		20~25	5~8	—	—
一串红		30~40	25~30	—	—
郁金香		20~25	5~10	—	—
圆锥石头花		10~15	10~15	—	—
三色堇		—	—	—	—
碧冬茄		—	—	—	—
丛生福禄考		—	—	—	—

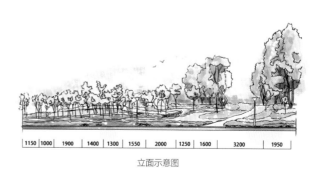

立面示意图

| 1150 | 1000 | 1900 | 1400 | 1300 | 1550 | 2000 | 1250 | 1600 | 3200 | 1950 |

特点描述

　　威海羊亭公园健身步道旁的绿地空间，杜鹃花带沿路布置，色彩艳丽，线条自由灵活，具有强烈的韵律感和节奏感，为过往行人提供了良好的视觉体验和动态空间享受。置石点缀于花带和草坪之间，丛植的黑松作为上层植被，其种植点随杜鹃林缘线变化，疏密有致，有若自然林地的天成之美。

照山白　　　　　　　　　金银忍冬
雪松
杜鹃　　　　　　　　　　黑松
白蜡

平面示意图

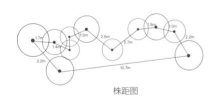

株距图

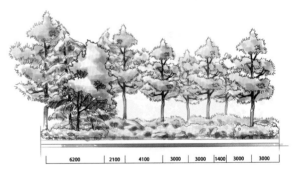

立面示意图

植物配置表

植物名称	图例	高度 (cm)	冠幅 (cm)	胸（地）径 (cm)	数量
白蜡		750~800	450~500	Φ20~25	1
雪松		600~700	350~450	Φ18~20	3
黑松		900~1000	350~450	Φ20~25	7
照山白		40~45	35~45	—	
金银忍冬		60~70	30~40	—	
杜鹃		40~50	35~45	—	

特点描述

　　此空间节点位于桥头处，古拙的木质座椅和其后的小品为桥头提供了一处休息空间，桥边山石和植物形成半围合的空间使得休息空间具有一定的安全感，树冠浓密的枫香形成良好的遮阴效果，附近的瀑布及溪水可调节局部小气候，极大地增加了休息节点的舒适度。

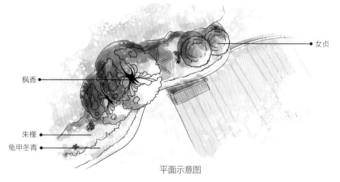

平面示意图

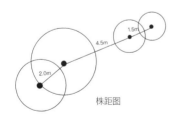

株距图

立面示意图

植物配置表

植物名称	图例	高度(cm)	冠幅(cm)	胸(地)径(cm)	数量
枫香		600~650	500~550	Φ15~20	2
女贞		140~150	150~160	—	2
朱槿		120~130	110~120	—	—
龟甲冬青		65~70	50~60	—	—

特点描述

　　利用植物、铺装、石块等营造具有暗示意味的主题乐园入口空间，一株浓密的枫香与其下精致的路牌使得主题乐园入口更加醒目，具有良好的提示作用。以整形黄杨为绿色基底，木桩限定边界，突出场地精致感，表达场地活泼自然的氛围。

黑松　　　　　　　　　　　　　　　银杏
羊蹄甲　　　　　　　　　　　　　　枫香
大叶黄杨

平面示意图

株距图

植物配置表

植物名称	图例	高度 (cm)	冠幅 (cm)	胸 (地) 径 (cm)	数量
枫香		550~600	350~400	Φ15~20	2
黑松		350~400	250~300	Φ5~10	2
银杏		350~400	200~250	Φ3~5	1
羊蹄甲		160~170	80~90	—	—
大叶黄杨		50~60	35~40	—	—

| 800 | 300 | 1000 | 1300 | 300 |

立面示意图

特点描述

公园内植物节点结合地形形成丰富的立面层次，大小不同的乔木共同构成此起彼伏的林冠线，两株大叶女贞枝繁叶茂，成为视觉焦点；其后密植榆树为植物组团，形成良好的背景；树下地被植物有利于保持坡地水土，营造亲人的尺度。植物组团前面的盆栽花卉点缀空间色彩，使空间活泼有趣。

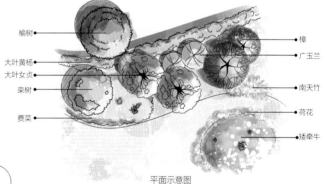

平面示意图

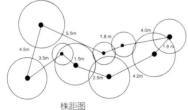

株距图

植物配置表

植物名称	图例	高度 (cm)	冠幅 (cm)	胸 (地) 径 (cm)	数量
榆树		1000~1200	550~600	Φ25~30	1
樟		800~900	400~500	Φ20~25	2
栾树		600~650	350~450	Φ15~20	1
大叶女贞		500~600	300~400	Φ15~20	2
广玉兰		350~400	150~200	Φ5~10	2
南天竹		150~200	150~200	—	3
大叶黄杨		100~120	60~70		
荷花		—	—	—	
费菜		—	—	—	
矮牵牛		—	—	—	

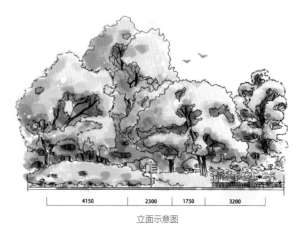

立面示意图

特点描述

　　现代风格的公园绿地改造项目，对原场地遗留下来的轨道进行重新利用，成为树池、草坪的边界，草坪与混凝土地面相结合，可以软化路面的坚硬感。沿路刺槐列植，增强线性场地透视感。场地中间较为平坦开阔，左侧临近高大建筑群，靠近建筑一侧植被宽阔而茂密，可有效隔绝外部噪音，为公园内部营造安静舒适的气氛。

平面示意图

植物配置表

植物名称	图例	高度(cm)	冠幅(cm)	胸(地)径(cm)	数量
刺槐		900~1000	400~450	Φ15~20	9
银杏		800~900	200~250	Φ10~15	4
小叶女贞		200~250	150~200	—	1
黑松		180~230	250~300	D10~15	3
木槿		150~200	150~200	—	4
红叶石楠球		100~120	100~150	—	2
紫叶小檗		70~80	40~50	—	—
金叶女贞		50~60	30~40	—	—
大叶黄杨		40~45	30~35	—	—
小龙柏		35~40	30~35	—	—
鸡冠花		—	—	—	—
鸢尾		—	—	—	—

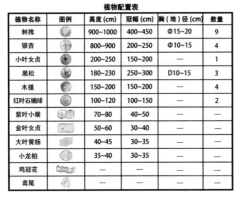

株距图

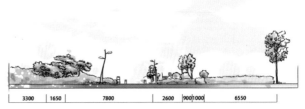

立面示意图

特点描述

　　植物沿步道带状种植的石竹、碧冬茄、羽扇豆花带形成丰富的色彩变化，花带中时而有海棠及元宝枫在其中进行点缀，使得立面富有高低层次变化。花带位于步道与建筑之间，对室外空间起到了界定与分割的功能，使功能区之间互不打扰，为行人提供更美观舒适的步行体验。

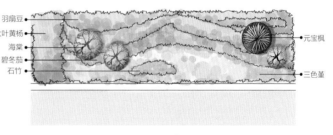

平面示意图

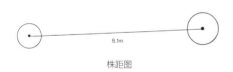

8.1m

株距图

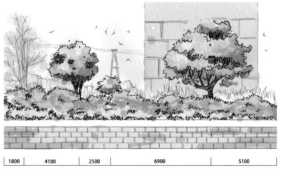

立面示意图

植物配置表

植物名称	图例	高度 (cm)	冠幅 (cm)	胸（地）径 (cm)	数量
元宝枫		1000	600~700	Φ25~35	1
海棠		250~300	200~250	D10~15	3
大叶黄杨		55~65	40~50	—	
羽扇豆		—	—	—	
碧冬茄		—	—	—	
石竹		—	—	—	
三色堇		—	—	—	

特点描述

    北方公园绿地的冬景较为单一质朴。场地位于平坦的湖边,冬季湖面覆盖冰雪,与岸边浑然一体,在银装素裹的白色大地和蓝色天空的映衬下,孤植的落叶乔木成为空间的视觉焦点,要求孤植树具有足够的体量、优美婀娜的树姿和虚实相映的枝干,成为冬季里北方地区最独特的景致。

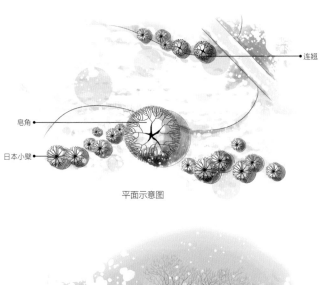

平面示意图

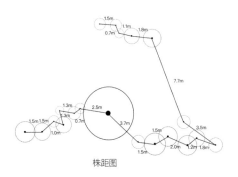

株距图

植物配置表

植物名称	图例	高度(cm)	冠幅(cm)	胸(地)径(cm)	数量
皂角		600~650	650~700	Φ25~30	1
连翘		150~200	150~200	—	2
日本小檗		100~110	80~90	—	17

立面示意图

特点描述

　　缓坡的疏林草地是公园绿地中最受人们欢迎的空间类型之一。本案例充分利用人们仰视的视觉角度，以简洁的设计体现地势的高耸。远离视线的坡顶种植高大的榉树，枝条延展形成面状空间效果，视觉上抬高了整个坡地的地势；紧邻视野边缘的位置种植笔直挺拔的银杏，视觉上形成竖向上密集的线形效果，秋季的黄色银杏在绿色环境的映衬之下，更显挺拔夺目，烘托出林地高耸的气势和自然安静的氛围。

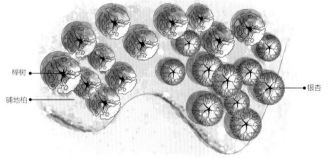

平面示意图

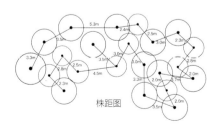

株距图

植物配置表

植物名称	图例	高度 (cm)	冠幅 (cm)	胸（地）径 (cm)	数量
银杏		1200~1300	350~400	Φ20~25	10
榉树		900~1000	400~500	Φ25~30	12
铺地柏		25~30	20~25	—	—

1100	1600	1800	1600	950	1250	1500	800	1000	1000	1350

立面示意图

特点描述

结构丰富的大型植物组团往往成为公园标志性景观，高大挺拔的雪松群落，树形完整，造型优美，体量和比重均占据绝对优势，成为空间主景。左侧落叶乔木枝条伸展，树冠丰满，弥补了林冠线形态上的单调。红叶石楠点缀其间，丰富了植物群落的色彩。簇簇白花的石楠位于雪松组合的一角，处于常绿针叶和落叶阔叶的分界处，并向道路一侧延展，不仅稳定了整个构图和群落层次，而且增强了与行人之间的互动性和亲和力，堪称点睛之笔。

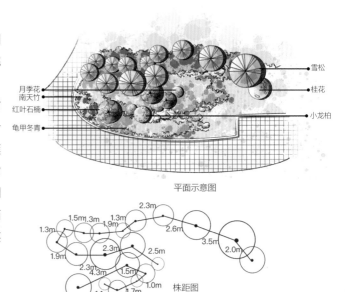

平面示意图

株距图

植物配置表

植物名称	图例	高度 (cm)	冠幅 (cm)	胸（地）径 (cm)	数量
雪松		850~900	450~500	—	12
桂花		300~350	250~300	D5~10	1
红叶石楠		150~170	150~200	—	3
月季花		100~120	90~100	—	3
小龙柏		80~90	90~100	—	1
龟甲冬青		45~50	35~40		
南天竹		40~45	30~35		

立面示意图

特点描述

　　雪松作为视觉中心，其体量上具有统领作用。线状植物组团在小广场入口处发生变化，与各色球形灌木搭配，具有强调作用，吸引游客。两株红枫颜色鲜艳，具有"万绿丛中一点红"的点睛效果，是道路拐角处的主景；两株木瓜树姿挺拔，春季花期时成为区域主景。丰富的植物组合在季相变化中蕴含着时间的概念。

木瓜
红枫
龙柏球
石榴
丝兰
大叶黄杨球
瓜子黄杨

雪松
红叶石楠球
迎春
南天竹
金叶女贞球

平面示意图

株距图

2.0m　2.7m　2.4m　4.1m
3.0m　3.6m　5.6m

植物配置表

植物名称	图例	高度 (cm)	冠幅 (cm)	胸（地）径 (cm)	数量
雪松		800~900	500~550	—	3
木瓜		350~400	300~350	D15~20	7
红枫		200~250	250~300	D10~15	2
石榴		180~230	200~250	D5~10	1
迎春		200~220	200~250	—	4
大叶黄杨球		150~180	200~220	—	1
金叶女贞球		100~120	90~100	—	8
红叶石楠球		80~90	80~100	—	3
龙柏球		80~90	100~150	—	9
南天竹		60~70	45~50	—	8
丝兰		50~55	45~50	—	4
瓜子黄杨		30~40	30~35	—	

立面示意图

| 3500 | 2800 | 3200 | 2100 | 1750 | 1650 | 3100 | 4000 | 2750 |

特点描述

    威海环翠楼公园中轴线一侧的植物景观，坡面自然地形的处理与台阶的踏步、平台的节奏保持一致。坡面的植被覆盖率较高，临近台阶处广植大叶黄杨、金叶女贞等灌木球，以保持水土、界定空间，雪松为行道树，严整肃穆并发挥障景作用。台阶与横向区域衔接处注重植物景观的丰富度。雪松位于最高处，作为背景；碧桃、玉兰、樱花等花灌木处于人们平视角度的最佳中景位置，色彩艳丽而丰富，突出春季景观；密植的多种灌木球错落有致，整合统一空间；草本植物嵌边，表达场地的宜人尺度。

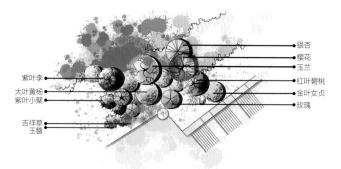

平面示意图

株距图

植物配置表

植物名称	图例	高度 (cm)	冠幅 (cm)	胸（地）径 (cm)	数量
玉兰		250~300	300~350	D5~10	1
紫叶李		350~300	250~300	D8~10	2
红叶碧桃		200~250	200~250	—	1
大叶黄杨		100~120	120~130	—	2
金叶女贞		80~90	90~100	—	4
玫瑰		55~60	45~50	—	3
紫叶小檗		40~45	45~50	—	2
吉祥草		—	—	—	4
玉簪		—	—	—	
樱花		250~350	250~300	D8~10	1

立面示意图

特点描述

　　该节点为沈阳世博园荷兰园的一处绿地景观。郁金香和风车是荷兰的代名词，因此各色的郁金香是荷兰园的基本构成植物，体现了浓郁的地域风情。道路转角空间为引起人们注意常采用孤植乔木，较为醒目，同时也是对道路深层景观的视觉屏障，发挥障景作用，从而达到步移景异的效果。

玉兰

紫色郁金香

黄色郁金香

平面示意图

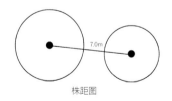

7.0m

株距图

植物配置表

植物名称	图例	高度 (cm)	冠幅 (cm)	胸（地）径 (cm)	数量
玉兰		550~600	550~600	Φ15~20	1
紫色郁金香		30~40	—	—	
黄色郁金香		30~40	—	—	

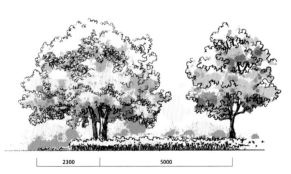

2300　　　　5000

立面示意图

特点描述

　　该节点为上海月湖雕塑公园的一处绿地，步道设于草坪之中，并保持了合理的视距。以密林围合边缘，高大的樟树成为场地的视觉中心，留出一定的透视线使得游览空间疏密有致。丰富的灌木层将疏密关系和竖向尺度上的强烈视觉对比糅合为一个和谐的整体，同时具有障景之效果。

桂花
樟
樟

平面示意图

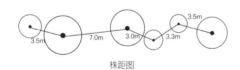

3.5m
7.0m
3.0m
3.3m
3.5m

株距图

植物配置表

植物名称	图例	高度 (cm)	冠幅 (cm)	胸径 (cm)	数量
樟		850~900	550~600	30~35	3
桂花		300~350	250~300	D8~12	5

4400　1750　4900　2800　1700　4300

立面示意图

特点描述

　　场地位于上海辰山植物园，密植的紫娇花构成划分两条石子路边界的前景，使得林下的视线通透开敞，绿地边缘去除路牙石，空间自然而恬静。乔木选取统一的樟树，树形优美，整齐划一，构成上层覆盖空间，枝干隐约透露出洒下的阳光，为人们提供了舒适的林下步行空间，营造了较为疏朗的林下空间体验。

平面示意图

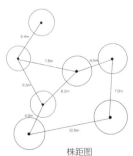

株距图

植物名称	图例	高度 (cm)	冠幅 (cm)	胸（地）径 (cm)	数量
樟		700~800	350~400	Φ20~25	17
文殊兰		—	—	—	—
玉簪		—	—	—	—
紫娇花		—	—	—	—

植物配置表

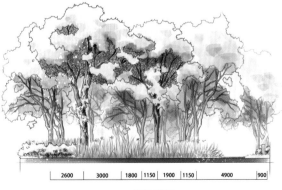

立面示意图

特点描述

　　场地为韩国首尔景福宫内的一处休闲空间，地势平坦，室外空间以草坪及裸露的自然土层为主，在造型优美的古建筑外配以三棵整形松树，古建筑与古木彼此前后呼应，表现出场地宁静古老的气氛。古树巨大的树冠为其下围坐的木凳提供了良好荫蔽，营造了开阔而惬意的休憩空间。

油松●————

平面示意图

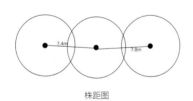

株距图

植物配置表					
植物名称	图例	高度 (cm)	冠幅 (cm)	胸径 (cm)	数量
油松		550~650	500~600	45~50	3

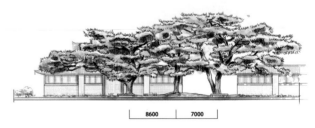

立面示意图

特点描述

　　建筑入口前的开阔区域边缘通过植物配置界定空间，因此，注重植物林冠线的变化和林缘线处的景观视觉体验。前景植物的高度郁闭构成了良好的障景效果，增加了植物群落的景深，置石和灌木的组合在林缘线这一狭小的区域内展现了植物层次的多样化，营造了自然植被的繁茂景象。

平面示意图

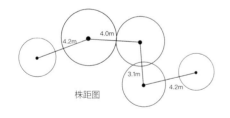

株距图

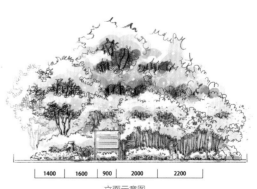

立面示意图

植物配置表

植物名称	图例	高度 (cm)	冠幅 (cm)	胸径 (cm)	数量
日本花柏		600~700	450~550	20~25	19
合欢		500~550	300~400	10~15	2
毛樱桃		250~300	200~250	—	3
黄葛树		350~400	350~380	30~35	5
金丝桃		45~50	30~35	—	11
碧冬茄		20~25	20~25	—	26株／㎡

特点描述

公园绿地的入口以匍匐类植物作为地被,以突出园中野趣。靠近路边的雪松形成对空间的漏景和框景,采用欲扬先抑的手法,掩映着其内部丰富的景观元素,依稀可见的亭子、错落的置石与植物组合、起伏的地形,增强了对空间的无限遐想。

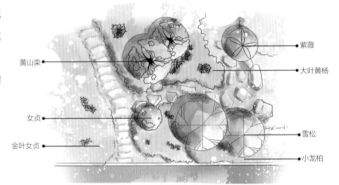

平面示意图

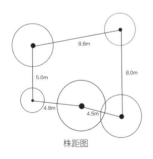

株距图

植物配置表

植物名称	图例	高度 (cm)	冠幅 (cm)	胸(地)径 (cm)	数量
黄山栾		700~800	400~450	Φ15~20	2
雪松		850~950	450~500	Φ20~25	2
紫薇		250~300	100~120	D8	1
女贞		180~200	100~150	D5	1
大叶黄杨		80~100	40~50	—	—
金叶女贞		40~50	30~40	—	—
小龙柏		35~40	30~40	—	—

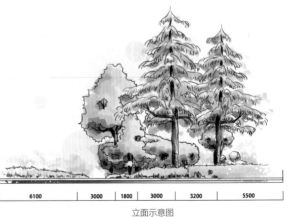

| 6100 | 3000 | 1800 | 3000 | 3200 | 5500 |

立面示意图

特点描述

　　植物配置由近及远树色逐渐变深，前景低矮的三七景天和兰花三七勾勒植物组团的边界，以多分支高大乔木作为主景，海桐球和丛植八角金盘等灌木自然式组合，疏密有致，高低错落，构成中层植物。一抹红色灌木植于背景与前景组合之间，丰富组团色彩的同时，增加了景深。

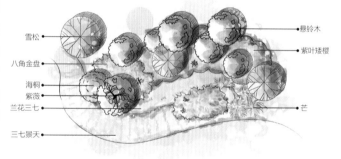

平面示意图

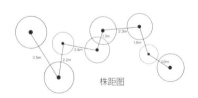

株距图

植物配置表

植物名称	图例	高度 (cm)	冠幅 (cm)	胸（地）径 (cm)	数量
悬铃木		800~850	450~500	Φ20~25	6
雪松		650~700	400~450	Φ15~20	3
紫薇		350~400	250~300	D35~40	1
海桐		150~180	150~200		1
紫叶矮樱		150~160	130~140	—	—
八角金盘		60~70	40~50		
芒		—			
兰花三七		30~35	20~25		
三七景天		20~25	20~25		

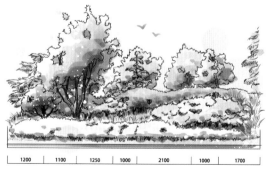

立面示意图

特点描述

　　本案例突出展示了早春植物景观的独特魅力。"居邻北郭古寺空，杏花两株能白红"。虽无杏树，却选择树姿优美的樱花与紫叶李为对景，突出场地入口及其春季景观，隐约展露的传统建筑屋顶，增添了场所的古典园林氛围，标识与无障碍设计相结合搭配自然石材贴面，营造自然天成之美，形成"花中取道"的景致。

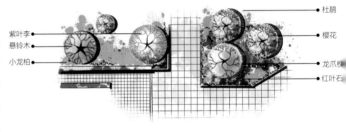

平面示意图

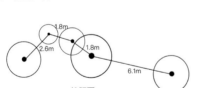

株距图

立面示意图

植物配置表

植物名称	图例	高度 (cm)	冠幅 (cm)	胸（地）径 (cm)	数量
樱花		550~600	600~650	Φ15~20	3
龙爪槐		350~400	250~300	Φ20	1
紫叶李		500~600	600~700	D 30	1
悬铃木		700~800	600~700	Φ45	1
红叶石楠		80~100	80~100	—	—
小龙柏		40~50	40~50	—	—

特点描述

　　位于公园的文化展示场地，此类场地往往用轴线或规则的几何形营造场地庄重严肃的氛围。规则的金边黄杨绿篱和龙柏沿道路布置，对空间有较强的界定作用，突出场地秩序感和层次感，置石和小品点缀其中成为空间主景，烘托文化氛围。列植银杏增强场地透视感的同时为游客提供了一定荫蔽空间，有利于游客的长时间停留观赏。

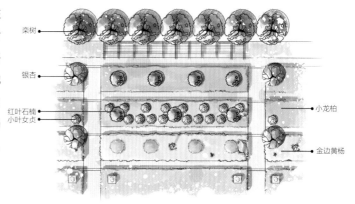

平面示意图

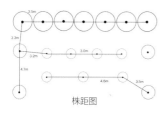

株距图

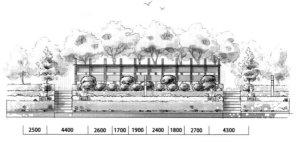

立面示意图

植物配置表

植物名称	图例	高度 (cm)	冠幅 (cm)	胸（地）径 (cm)	数量
栾树		1200~1300	600~700	Φ25~35	7
银杏		800~850	350~400	Φ20~25	4
红叶石楠		150~160	100~130	—	7
小叶女贞		120~130	90~100	—	18
金边黄杨		60~70	30~40	—	—
小龙柏		40~50	30~40	—	—

特点描述

　　大草坪中的樟树孤植设计，灌木组合作为背景，界定了空间，营造了绿地空间的场所感并保持了良好的视距。前景与背景植物组合在竖向上形成了更强的韵律感和完整的构图，木芙蓉点缀色彩，更加有效地衬托出主景植物。

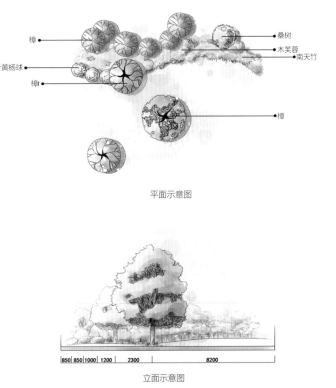

平面示意图

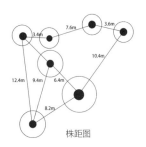

株距图

立面示意图

植物配置表

植物名称	图例	高度 (cm)	冠幅 (cm)	胸（地）径 (cm)	数量
樟		700~1500	300~400	Φ20~40	8
桑树		450	350	Φ25	1
大叶黄杨球		60~80	80~100	—	5
木芙蓉		120~150	80~100	—	—
南天竹		50~60	50~60	—	—

特点描述

　　公园内设置的石景水池小品成为道路拐点处的重要标识,水在景观中具有点睛作用。该设计利用植物强化微地形变化,在高处种植了形态优美的乔木,水池位于最低处,搭配主题置石和低矮的素馨,点缀红叶石楠和小叶女贞,其中鸡爪槭选择姿态优美株型,位置显著,构成局部主景或在拐角处起到提示作用。

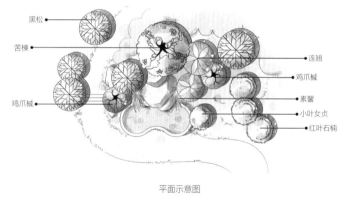

平面示意图

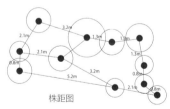

株距图

植物配置表

植物名称	图例	高度 (cm)	冠幅 (cm)	胸(地)径 (cm)	数量
黑松		300~400	300~350	Φ18~20	5
苦楝		800~1000	350~400	Φ20~25	1
鸡爪槭		230~250	200~250	D6~8	2
连翘		160~180	150~160	—	2
红叶石楠		100~120	100~120	—	3
小叶女贞		90~100	80~90	—	1
素馨		50~60	70~80	—	2

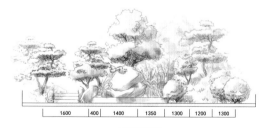

立面示意图

特点描述

　　该空间以带状密林为背景，利用植物群落与观景点之间的草坪空间，营造景观小品，构成区域主景，并丰富空间色彩。将木桶、竹篓、竹筐等中国传统器物设计成种植花卉的花钵，通过艺术的手法，结合一二年生彩色花卉为主体，有"酒酣起舞花满地"之意境。

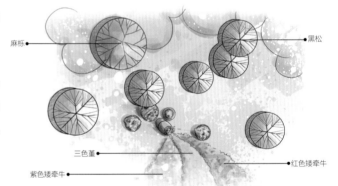

平面示意图

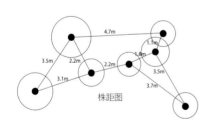

株距图

植物配置表					
植物名称	图例	高度 (cm)	冠幅 (cm)	胸（地）径 (cm)	数量
黑松		500~600	300~400	Φ10~12	6
麻栎		400~500	300~400	Φ10~12	1
三色堇		20~25	20~25	—	—
紫色矮牵牛		20~25	20~25	—	—
红色矮牵牛		20~25	20~25	—	—

立面示意图

特点描述

　　山石为主，植物为辅，静中有动，层次分明。山石的高低错落与植物组合形成了良好的层次关系，前景种植黄栌，秋季叶色红艳夺目，不下丹枫，弱化了山石的棱角，背景种植了造型优美的赤松，衬托出前景色彩，与山石搭配和谐，有山石迎客之意。

平面示意图

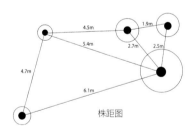

株距图

植物配置表

植物名称	图例	高度 (cm)	冠幅 (cm)	胸径 (cm)	数量
赤松		500~600	350~400	10~15	2
黄栌		300~400	300~400	8~10	3

立面示意图

71

特点描述

　　该设计为典型的疏林花地景观。以草本花卉作为基底,高大乔木自然式布局于其上,形成疏林。此类景观往往位于路旁,并留出合理的视距,鲜艳的景观色彩可以吸引游人目光,形成视觉中心。

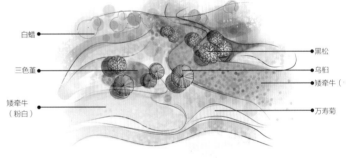

平面示意图

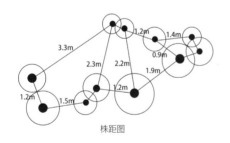

株距图

植物配置表

植物名称	图例	高度 (cm)	冠幅 (cm)	胸(地)径(cm)	数量
乌桕		600~700	300~350	Φ10~15	4
黑松		400~500	300~350	Φ10~15	7
白蜡		500~600	350~400	Φ10~15	11
三色堇		20~25	20~25	—	—
矮牵牛		20~25	20~25	—	—
万寿菊		20~25	20~25	—	—

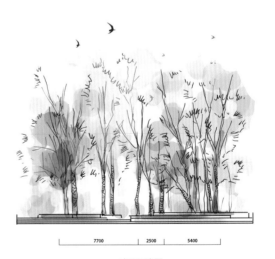

立面示意图

特点描述

    该空间以无患子、黑松等大乔木作为主景树，形体高大、姿态优美、枝繁叶盛，低矮整形灌木和草坪作为地被，采用自然式布局，结合微地形围合中广场空间。林间开辟小路，增加亲人尺度。整个空间视野开阔，为游人提供了良好的观景体验。

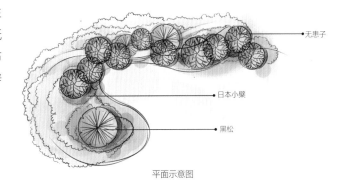

平面示意图

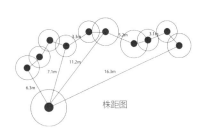

株距图

立面示意图

植物配置表

植物名称	图例	高度 (cm)	冠幅 (cm)	胸 (地) 径 (cm)	数量
无患子		600~700	280~320	Φ10~15	10
黑松		700~750	300~350	Φ20~25	3
日本小檗		45~50	25~30	—	—

特点描述

　　花境是城市公共绿地中常见的花卉的应用形式，路缘种植各色宿根花卉与灌木，既界定了空间，同时营造出色彩与质感丰富的视觉体验。自然柔美的曲线设计与碎石铺装的小径，对比统一中实现了再现自然的点睛之笔。乔木构成场所骨架，突出了植物个体美，同时也展示了组合的群体美。

元宝枫
白蜡
红叶石楠
马鞭草
细叶针茅
绵毛水苏
白晶菊

假龙头
杏树
鸡爪槭
美国石竹
金叶女贞
风铃草

平面示意图

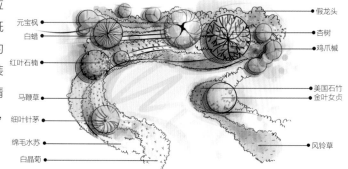

株距图

植物配置表					
植物名称	图例	高度 (cm)	冠幅 (cm)	胸（地）径 (cm)	数量
白蜡		450~500	300~350	Φ15~20	1
元宝枫		450~500	300~350	Φ15~20	1
杏树		450~550	300~350	Φ10~20	1
金叶女贞		60~70	60~75	—	2
红叶石楠		120	150	—	1
鸡爪槭		200~250	150~200	Φ10~15	4
细叶针茅		40~50	30~40	—	
假龙头		12~18	15~20	—	
马鞭草		30~40	12~16	—	
绵毛水苏		30~50	9~13	—	
白晶菊		15~25	10~15	—	
风铃草		5~8	—	—	
美国石竹		5~8	—	—	

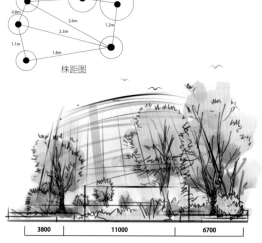

立面示意图

特点描述

花港观鱼雪松大草坪的中心和主景，也是物种最为丰富的一组植物景观，包括雪松、香樟、无患子、枫香、桂花等。该组植物岛状点缀于草坪中央，自南侧主路观之为主景；自草坪东西两侧观之，则划分了草坪空间，增加了长轴上的层次，延长了景深。无患子、枫香的秋色为整个草坪空间增加了绚烂的色彩，桂花的香味则拓展了植物景观的知觉层次，丰富了季相景观。

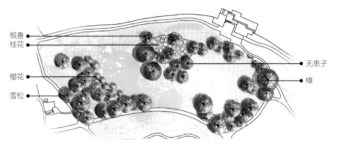

平面示意图

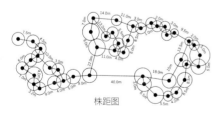

株距图

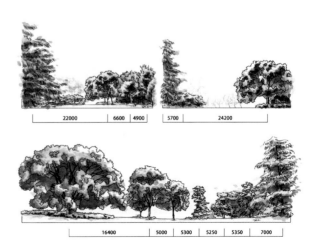

立面示意图

植物配置表					
植物名称	图例	高度(cm)	冠幅(cm)	胸(地)径(cm)	数量
雪松		1200~1300	600~650	—	41
樟		850~950	400~500	Φ20~30	4
无患子		800~900	400~450	Φ20~25	9
桂花		600~700	350~400	D15~20	23
樱花		500~600	250~300	D15~20	7
枫香		250~300	200~250	Φ10~15	4

特点描述

　　公园步道交叉口处植物配置，黑松群植遮挡海风并作为背景，衬托前景植物的色彩和细腻，两株碧桃既是迎面道路的对景，也是拐弯处的视觉焦点，灌木修剪整齐界定空间，连翘片植，点缀红叶石楠，突出植物层次和空间色彩。

平面示意图

黑松
红叶石楠球
碧桃
连翘
小龙柏

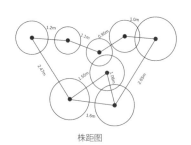

株距图

1.2m　1.1m　0.95m　1.0m
2.47m　1.55m　1.06m　2.65m
1.6m

植物配置表

植物名称	图例	高度 (cm)	冠幅 (cm)	胸（地）径 (cm)	数量
黑松		800~850	400~500	Φ20~25	5
碧桃		450~550	300~400	D10~15	2
红叶石楠球		150~180	100~150	—	3
连翘		100~150	80~90	—	—
小龙柏		70~75	40~50	—	—

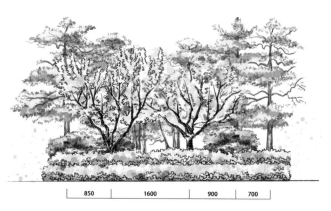

850　1600　900　700

立面示意图

特点描述

　　该组景观为杭州西湖花港观鱼苏堤入口的藏山阁草坪，空间围合感强，突出主景——藏山阁，植物配置空间层次丰富，结构明晰，主次分明。高耸的落叶乔木与常绿地形成落差明显的前景，常绿小乔木、灌木和低矮地被共同构成中层与背景，配置了山茶等花灌木，延长了花期丰富了空间色彩，在以草坪为主的开阔空间中具有明确实体感。亭子和置石的硬景观与层次分明的植物配置形成对比，配植于草坪一角，具有聚焦视线、组织景观的功能。

平面示意图

株距图

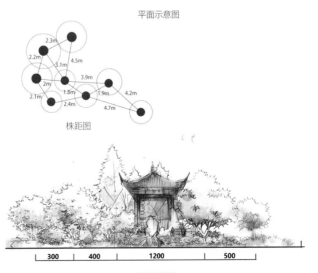

立面示意图

植物配置表

植物名称	图例	高度 (cm)	冠幅 (cm)	胸（地）径 (cm)	数量
樟		1200~1500	700~1000	Φ20~30	1
栾树		700~800	400~550	Φ18~20	2
六道木		100~110	150~165	—	3
无刺枸骨球		150~160	150	—	1
喷雪花		110~130	40~50	—	8
红花酢浆草		10~20	10~15	—	—
山茶		120~130	50~60	—	1
素馨		40~60	15~30	—	—
红叶石楠		120~130	110~120	—	7
竹		300	60	—	—

特点描述

　　高大古老的银杏树无论从色彩提炼，还是文化内涵上都成为空间的视觉焦点，秋季的黄叶既是季节的指示，更烘托出整个场地的氛围，与绿色的柏树形成对立统一关系，采用列植的手法，体现了历史的厚重感，严肃而又明快。

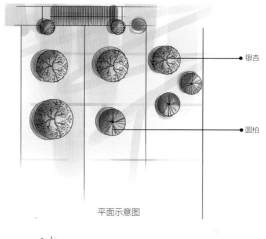

平面示意图

株距图

植物配置表					
植物名称	图例	高度(cm)	冠幅(cm)	胸(地)径(cm)	数量
银杏		1600~2000	400~410	Φ40~50	4
圆柏		1000~1200	200~220	—	3

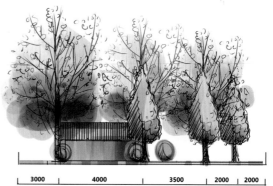

立面示意图

特点描述

　　该绿地为道路与海滨之间的带状公园绿地节点，植物纵向的两侧均留出了较好的视距，面向道路一侧的景观视觉效果尤为突出，不仅为吸引游人，更为营造最佳的车行和人行视觉体验。植物组合包括上层的朴树等乔木以及下层的八角金盘、红叶石楠和观赏草等两层空间结构，置石点缀围合，雅致自然。

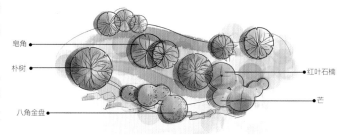

平面示意图

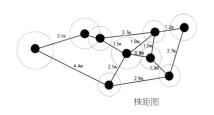

株距图

植物配置表

植物名称	图例	高度 (cm)	冠幅 (cm)	胸（地）径 (cm)	数量
朴树		500~550	300~350	Φ25	2
皂角		350~400	250~300	Φ15	7
红叶石楠		120~130	50~60	—	3
八角金盘		100~120	100~120	—	4
芒		50~60	40~50	—	3

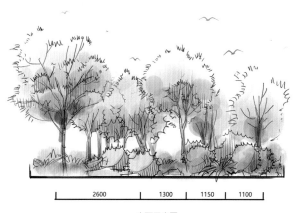

立面示意图

特点描述

　　孤植形式强调植物造型的独特性或植株
尺度上的优势，本案例中孤植植物不仅形体
高大、姿态优美，枝干造型具有很好的观赏
价值，而且树冠开阔、枝叶茂盛，覆盖了滨
水平台的大部分面积，犹如华盖，形成惬意
的纳凉观水空间。植坛的边缘采用自然石块，
不仅具有界定、围合空间的作用，而且可以
给人们提供休憩的空间，与滨水平台的铺装、
石凳等设施在材料与风格上相统一。植坛内
搭配自然低矮的灌木，提升了空间的自然性、
私密性和领域感。

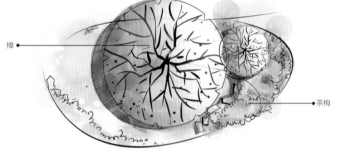

樟

茶梅

平面示意图

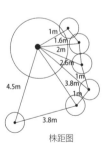

株距图

植物配置表

植物名称	图例	高度 (cm)	冠幅 (cm)	胸（地）径 (cm)	数量
樟		1200~1500	1600~2000	Φ70~75	2
茶梅		50~70	60~80	—	6

立面示意图

特点描述

　　该景观空间通过分散式种植进行空间划分，在假山缝隙及其周围种植灌木或小型乔木，以弱化假山的轮廓，使之融入自然环境。在假山后种植高大乔木形成起伏变化的天际线，更以绿色软质的景墙围合出有若自然的园林空间。

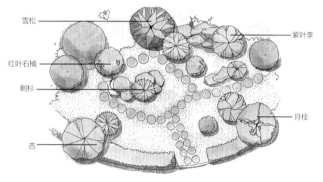

平面示意图

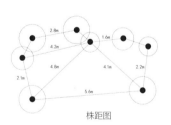

株距图

植物配置表					
植物名称	图例	高度 (cm)	冠幅 (cm)	胸（地）径 (cm)	数量
月桂		350	300	D14	1
紫叶李		400~430	330~350	D15~18	3
刺杉		190~250	200~300	Φ15~17	3
雪松		1000	450	Φ44	1
红叶石楠		100~120	110~120	—	3
杏		200~220	180~200	D20~22	1

立面示意图

特点描述

　　绿地中的步行道植物景观设计应注意步行路线与景观视线之间的关系，营造步移景异的景观效果。道路起点、拐弯处点缀灌木球或设置植物景观小品，起到提示和强调作用，微地形高处种植大乔木以强化竖向变化，同时绿地中的植物组合从步行道的各个角度观赏都具有良好的视距和富于变化的景观效果。

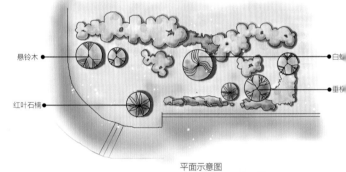

平面示意图

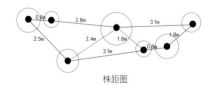

株距图

植物配置表					
植物名称	图例	高度 (cm)	冠幅 (cm)	胸（地）径 (cm)	数量
垂柳		550	500	Φ26	1
白蜡		500	400	Φ20	1
红叶石楠		80~100	70~150	—	2
悬铃木		400~450	250~300	Φ14	3

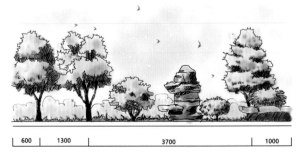

立面示意图

特点描述

　　公园绿地中的汀步道路不仅提供了交通上的便利，更为游人提供了亲近自然的机会，起到导游作用。汀步的一侧是由多层整形灌木和乔木构成的植物组团，与另一侧的微地形相呼应，达到视觉上的均衡。路线的曲折婉转，结合地形的起伏变化，远近各景构成一幅连续的动态自然画卷，塑造开合相宜、张弛有致的步行体验。

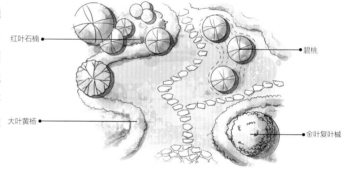

平面示意图

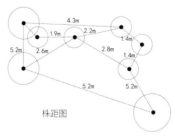

株距图

植物配置表

植物名称	图例	高度(cm)	冠幅(cm)	胸(地)径(cm)	数量
金叶复叶槭		610	500	D15~20	1
碧桃		300~500	300~350	D12	7
红叶石楠		70~90	40~50	—	6
大叶黄杨		40~60	60~75	—	

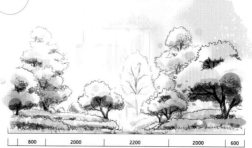

立面示意图

商业街

特点描述

　　韩国三星爱宝乐园内的植物景观，与商业街建筑风格相协调，道路中间的木质花箱向道路两侧倾斜以形成良好展示视角，花卉以暖色调为主，营造活泼热情的氛围，搭配少量冷色调形成点睛之笔。游客可穿行于花箱和拱门之间，增强仪式感，丰富了游人体验。

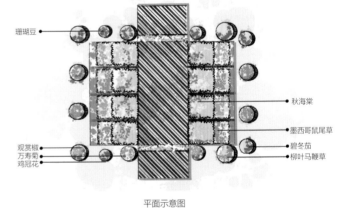

平面示意图

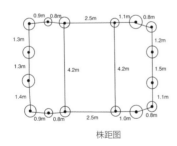

株距图

植物配置表

植物名称	图例	高度 (cm)	冠幅 (cm)	胸（地）径 (cm)	数量
柳叶马鞭草		25~35	20~30	—	
碧冬茄		20~30	30~35	—	
珊瑚豆		20~30	20~25	—	
万寿菊		25~35	20~30	—	
秋海棠		35~55	40~50	—	
墨西哥鼠尾草		30~40	20~30	—	
鸡冠花		20~30	20~25	—	
观赏椒		25~35	20~30	—	

立面示意图

特点描述

　　韩国首尔城市商业建筑入口植物景观，设置规则的树池目的在于处理地形，并迎合硬质广场的秩序性。两株造型松用自然式手法结合置石，打破植坛的规则感，修剪的灌木模拟自然的地形起伏，表现出诗情画意的东方风情。

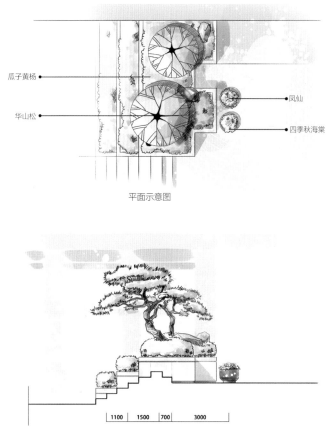

瓜子黄杨

华山松

凤仙

四季秋海棠

平面示意图

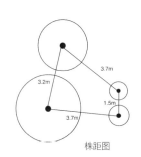

3.7m

3.2m

1.5m

3.7m

株距图

立面示意图

1100　1500　700　3000

植物配置表					
植物名称	图例	高度 (cm)	冠幅 (cm)	胸（地）径 (cm)	数量
华山松	🌳	250~280	200~250	Φ10~20	2
瓜子黄杨	🌿	30~60	30~40	—	—
凤仙	🌱	—	—	—	—
四季秋海棠	🌼	—	—	—	—

特点描述

　　一体连根的三株国槐造型厚重，以极度的稳重感区别于周围成排列植的植物，成为空间中的视觉焦点，强化了其主景地位。如同盆景置于庭院之中，有向内环抱之势，体现了中国传统文化的和合之美。

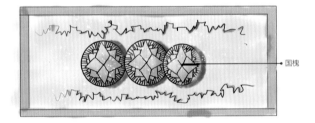

平面示意图

国槐

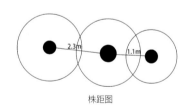

株距图

植物配置表

植物名称	图例	高度 (cm)	冠幅 (cm)	胸径 (cm)	数量
国槐		550~600	400~450	45~50	3

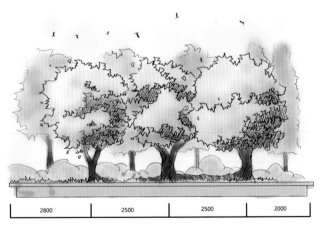

立面示意图

特点描述

　　游乐场旁的小型植坛具有界定、划分空间的作用，植物景观配置带有梦幻般的童话意味。以草本为基础，列植圆柏形成统一元素，配以帝王百合，白色的花朵宛如飞舞在花丛间的精灵，穿插花叶玉簪和花叶芒，营造随风摇曳的动感，置石衬托出美妙的自然气息，搭配两盏欧式小灯宛如梦幻的欧式童话场景。

平面示意图

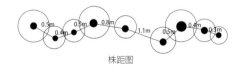

株距图

植物配置表

植物名称	图例	高度(cm)	冠幅(cm)	胸(地)径(cm)	数量
圆柏		270~320	90~110	Φ15~20	3
藿香蓟		80~100	—	—	3
帝王百合		70~80	30~40	—	1
花叶玉簪		30~40	25~30	—	1
花叶芒		80~100	40~50	—	3

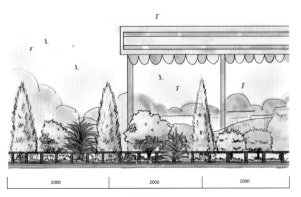

立面示意图

特点描述

　　以中国传统的瓦片为主要材料，运用景墙、漏窗等传统元素，塑造新中式景观风格。植物结合环境，采用规则式布局，以小型乔木——长寿桃、露天座椅、矩形草坪为单元，重复均匀划分区域，形成有节奏的半开放空间，植物作为软隔断，界定并维持安全距离，保证了使用者的私密性，为商业街增加了休憩功能。

平面示意图

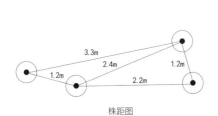

株距图

植物配置表

植物名称	图例	高度 (cm)	冠幅 (cm)	地径 (cm)	数量
长寿桃		190~210	200~215	12~15	4

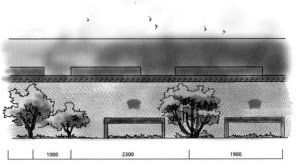

立面示意图

特点描述

　　以简洁的平面几何构成塑造空间的通畅性和视觉的流动性。中心道路将圆形空间一分为二，面积较大的一侧，隔离车行道，以大乔木为主体，从树形、体量、线条及比例等方面均体现多样化，占据优势并发挥隔离作用。而另一侧则以低矮整形灌木形成视觉引导，为步行空间提供了最佳的视距和观景效果。空间的收放、转折实现了商业街的人车分流，提供了差异化的空间体验。

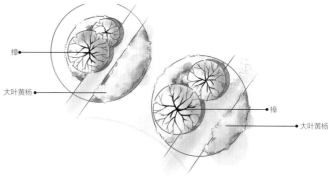

平面示意图

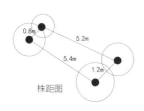

株距图

植物配置表

植物名称	图例	高度 (cm)	冠幅 (cm)	胸（地）径 (cm)	数量
樟		600~650	400~450	Φ45~50	4
大叶黄杨		90~100	110~120	—	—

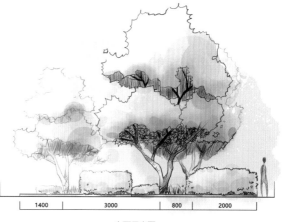

立面示意图

特点描述

　　建筑围合的类似庭院的空间，虽然是场地的终点，却由于借景高层建筑间的视觉空隙，而具有了景观高潮的地位。瘦长的乔木以重复律线性排列，既与建筑纹理一致，又弱化了建筑的刚性，竖向的植物组合立面以及纵向的灌木植坛布局，均与台阶形成垂直关系，从而使整个空间具有强烈的线性感和立体感。

钝叶鸡蛋花
红叶石楠
小叶黄杨

平面示意图

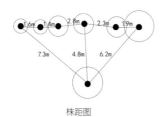

株距图

植物配置表

植物名称	图例	高度 (cm)	冠幅 (cm)	胸（地）径 (cm)	数量
钝叶鸡蛋花		600~800	210~230	D15~19	6
红叶石楠		60~70	75~80	—	—
小叶黄杨		50~55	75~80	—	—

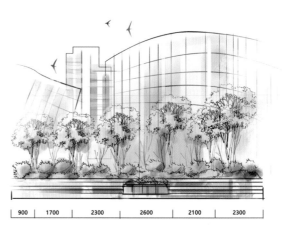

立面示意图

植物景观小品

特点描述

　　沈阳世博园的一处主题园,景墙前结合微地形种植各种仙人掌类植物,营造模拟自然的戈壁沙地景观:前景为花色鲜艳的小型仙人球带,丰富色彩,界定空间;微地形向道路延伸,高处种植修长仙人柱,低矮的仙人球由远及近,由高到低,球体逐渐减小,强化地形起伏;角落处配以虎尾兰,景墙的椭圆形开孔与仙人球形态相协调,仙人柱位于开孔的近似黄金分割点处,提升空间美感,兼具框景和漏景作用。

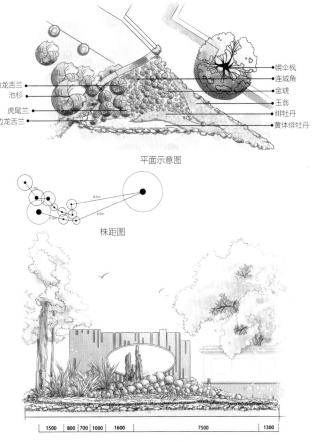

平面示意图

株距图

立面示意图

植物配置表

植物名称	图例	高度 (cm)	冠幅 (cm)	胸(地)径 (cm)	数量
幌伞枫		650~700	400~450	Φ18~20	1
池杉		800~900	200~400	Φ20~30	4
虎尾兰		45~55	50~70	—	2
金边龙舌兰		90~110	60~80	—	4
银边龙舌兰		30~40	40~50	—	4
连城角		100~200	15~25	—	6
金琥		20~40	25~45	—	79
玉翁		10~15	10~15	—	86
绯牡丹、黄体绯牡丹		10~15	5~10	—	315

特点描述

　　庭院中的路灯等照明设施可通过绿化形成良好的景致。树池图案和材料极具岭南风格，较高的散尾葵靠近墙角对转折部分进行了遮挡和柔化，白色背景突出其优美的叶形，变叶木等作为基础种植，覆盖裸露土壤并丰富色彩，整体上突出了庭院的精致感。

散尾葵
变叶木
萼距花

平面示意图

2.0m

株距图

植物配置表

植物名称	图例	高度 (cm)	冠幅 (cm)	胸 (地) 径 (cm)	数量
散尾葵		150~250	150~200	—	2
变叶木		30~40	20~30	—	12
萼距花		25~30	25~30	—	8

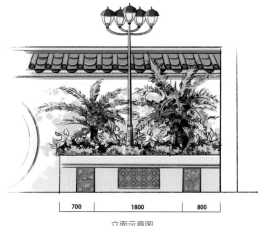

| 700 | 1800 | 800 |

立面示意图

特点描述

　　场地位于公园道路转弯处，地形的抬高采用规则对称的弧线，而且条状分割空间形成灰白色带，强化立体感，目的在于吸引游人视线。块石护坡、碎拼地面、片石堆叠共同营造一种自然、野性的景致。

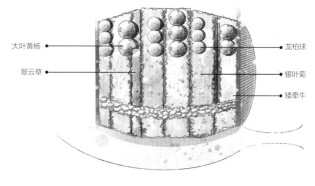

平面示意图

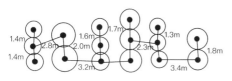

株距图

植物配置表

植物名称	图例	高度(cm)	冠幅(cm)	胸(地)径(cm)	数量
大叶黄杨		500~600	300~400	—	2
龙柏球		80~100	90~100	—	9
银叶菊		—	—	—	—
矮牵牛		—	—	—	—
翠云草		—	—	—	—

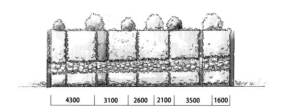

立面示意图

特点描述

　　此处为南京大屠杀遇难同胞纪念馆出口处的景观，高大而浓密的植物背景衬托灰色墙体，树形多样更凸显墙体的硬朗、笔直，植物选用常绿针叶树和常绿灌木，解说牌整齐排列，烘托凝重氛围。优美的造型赤松搭配置石，起到强调和提示作用。

平面示意图

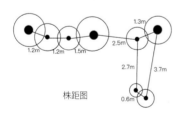

株距图

植物配置表

植物名称	图例	高度(cm)	冠幅(cm)	胸(地)径(cm)	数量
杨树	✦	1000~1300	400~450	Φ20~25	3
水杉	🌰	800~1000	350~400	Φ20~25	3
赤松	🌲	250~280	180~200	D6~7	2
小龙柏	🌿	40~50	20~25	—	—
三色堇	🌸	—	—	—	—

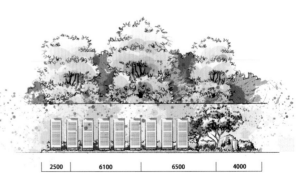

立面示意图

特点描述

公园步道拐角处往往设置植物组合,在视觉上起到提示和强调的作用。本设计以竹子与石景相结合,二者在体量上互相衬托,有利于形成视觉焦点;花卉丛植于大、小置石之间,强化了整体性和色彩搭配,与古典风格的公园整体氛围相协调。

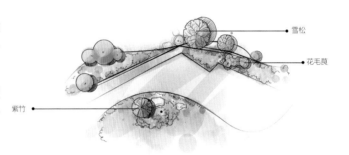

平面示意图

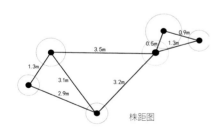

株距图

植物配置表

植物名称	图例	高度(cm)	冠幅(cm)	胸(地)径(cm)	数量
紫竹		150~180	8~15	—	—
花毛莨		20~30	15~25	—	—
雪松		550~600	250~300	—	2

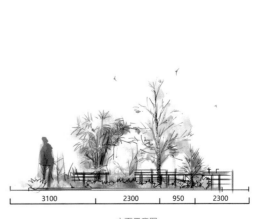

立面示意图

特点描述

　　庭院入口处植物景观小品具有强调入口
建筑和点题的作用。本入口建筑设计为中国
传统风格，植物配置亦采用传统形式，以竹
林为背景，湖石为主体，天目琼花、八角金
盘等灌木突出主景，彩色矮牵牛打底，简约
而雅致。

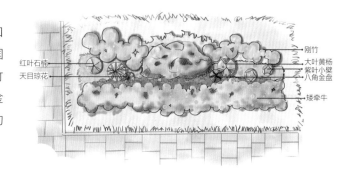

平面示意图

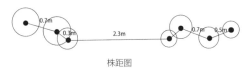

株距图

植物配置表					
植物名称	图例	高度 (cm)	冠幅 (cm)	胸（地）径 (cm)	数量
大叶黄杨		100~120	150	—	1
紫叶小檗		70	50	—	2
天目琼花		120	80	—	1
红叶石楠		140	120	—	1
八角金盘		50~65	40	—	1
矮牵牛		10~20	—	—	
刚竹		200	—	—	

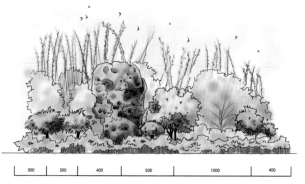

立面示意图

半公共空间

附属庭院空间

居住区空间

室外停车空间

校园空间

附属庭院空间

特点描述

　　由建筑围合而成的附属庭院空间，庭院空间在室外与室内的过渡中起到公共至私密空间的转化作用，院内植物层次丰富，重点突出。浓密的八角金盘作为绿地基底，同时提升了绿地边缘石凳的亲和力，乔木种植于拐点处，起到界定空间和引导建筑出入口的作用，空间通透而不失多样化，满足人们对私密性、安全感的需求，并提供给人们可选择的独处或是共处的空间。

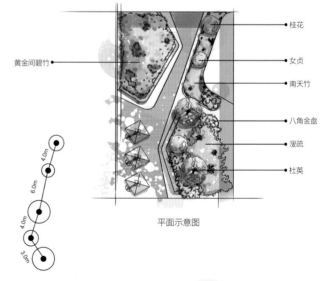

黄金间碧竹 ←

桂花
女贞
南天竹
八角金盘
溲疏
杜英

平面示意图

4.0m
4.0m
6.0m
4.0m
3.0m

株距图

植物配置表

植物名称	图例	高度(cm)	冠幅(cm)	胸（地）径(cm)	数量
杜英		550~650	300~350	Φ10~15	2
黄金间碧竹		350~450	100~150	D3~8	—
桂花		300~400	300~350	D10~15	2
女贞		200~300	150~200	D5~10	1
溲疏		200~250	100~120	—	—
八角金盘		100~150	70~80	—	—
南天竹		50~80	30~40	—	—

| 1400 | 630 | 800 | 800 | 790 |

立面示意图

特点描述

　　庭院空间通过地形的变化和道路的转折充分展示植物景观的变化和自然美感。依据最佳观赏的视距要求，近路端选用草坪或匍匐类植物，路旁设置亲人尺度的花境，灌木和乔木分别作为中景和远景，衬托前景植物的色彩和质感，同时形成了庭院内丰富的植物层次。

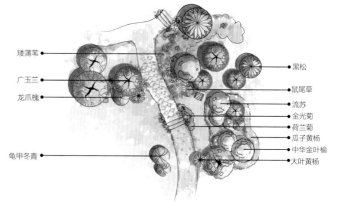

平面示意图

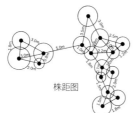

株距图

植物配置表

植物名称	图例	高度（cm）	冠幅（cm）	胸（地）径（cm）	数量
黑松		600~700	400~500	Φ15~20	2
广玉兰		500~600	300~400	Φ10~15	5
流苏		400~450	300~350	Φ10~15	2
龙爪槐		150~200	150~200	D15~20	1
矮蒲苇		200~300	—		6
中华金叶榆		150~180	150~200		3
大叶黄杨		80~100	50~60		2
龟甲冬青		60~70	40~50		5
瓜子黄杨		30~40	25~35		
金光菊		—	—		
鼠尾草		—	—		
荷兰菊		—	—		

| 500 | 580 | 380 | 380 | 1200 | 800 | 700 | 1100 | 570 | 550 |

立面示意图

特点描述

　　庭院入口作为视线焦点，采用圆形拱门以形成框景，两侧景墙密植植物，为进入庭院后的开阔空间营造障景效果。左侧为人流主要方向，拐角处孤植树形优美的樱花，季相变化显著，形成视觉焦点，起到强调入口和引导视线的作用。

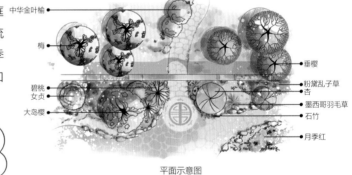

平面示意图

中华金叶榆
梅
垂樱
粉黛乱子草
杏
碧桃
女贞
墨西哥羽毛草
石竹
大岛樱
月季红

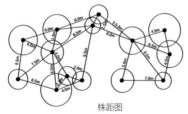

株距图

植物配置表

植物名称	图例	高度 (cm)	冠幅 (cm)	胸 (地) 径 (cm)	数量
大岛樱		600~650	600~700	Φ25~30	1
梅		400~450	500~600	D15~20	2
垂樱		400~450	300~400	D15~20	3
杏		200~300	350~450	D15~20	1
碧桃		200~250	300~400	D10~15	2
女贞		150~200	100~150	Φ5~10	2
中华金叶榆		100~150	150~200	—	2
粉黛乱子草		80~90	—		
月季花		80~90	55~60		
墨西哥羽毛草		—			
石竹		25~35			

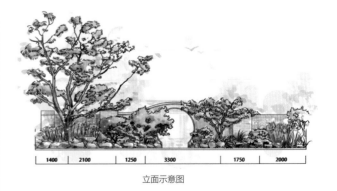

立面示意图

1400	2100	1250	3300	1750	2000

特点描述

　　该案例为南京大屠杀遇难同胞纪念馆的一处景观，作为祭奠场所，规则对称式布局的球状灌木，统一而严整，配合中心笔直的道路，强化了"奠"字白色花环的透视焦点，营造了庄严、肃穆的空间氛围。鲜亮的绿色作为黑色背景墙与白色地面之间的界线，使这一对比更加强烈。

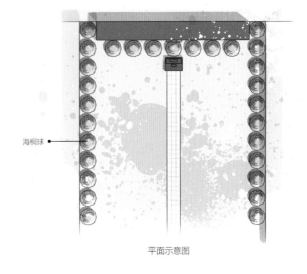

海桐球

平面示意图

株距图

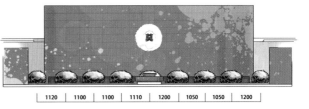

| 1120 | 1100 | 1100 | 1110 | 1200 | 1050 | 1050 | 1200 |

立面示意图

植物配置表

植物名称	图例	高度 (cm)	冠幅 (cm)	地径 (cm)	数量
海桐球		100~150	150~200	—	—

特点描述

　　建筑围合的附属庭院空间具有更加恬静的氛围，庭院内姿态优美的高大榉树整齐列植，形成更加阴凉的密闭空间，提升了空间的私密性和郁闭度。小乔木垂丝海棠同样整齐排列，与榉树布局方向和条石坐凳的指向性保持一致，强化了空间整体透视感，并塑造了石凳周围空间的领域性。厚重的条石坐凳与松软的白色细砂、条石的抛光顶面与其四周粗糙的蘑菇石面在视觉上均形成了恰当的质感对比与比例关系，使得整个庭院简洁而惬意。

株距图

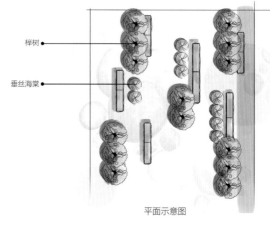

榉树

垂丝海棠

平面示意图

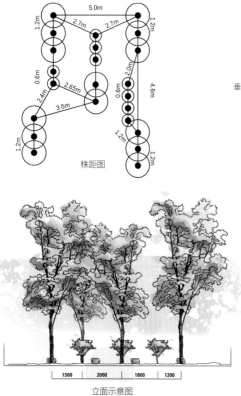

1500　2000　1800　1200

立面示意图

植物配置表

植物名称	图例	高度 (cm)	冠幅 (cm)	胸（地）径 (cm)	数量
榉树		800~900	400~500	Φ15~20	14
垂丝海棠		200~250	100~200	D3~5	9

特点描述

现代建筑前的庭院景观，密集的灌木靠近建筑立面构成基础种植，并采用自然式布局在建筑、绿地和道路之间形成良好的视觉过渡。树干修长的赤松群落参差变化而姿态优美，宛若天成，并在视线上与周围建筑相呼应，成为庭院空间的视觉焦点。

平面示意图

株距图

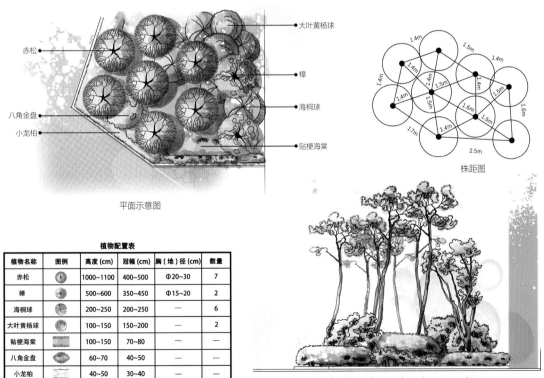

立面示意图

植物配置表

植物名称	图例	高度 (cm)	冠幅 (cm)	胸（地）径 (cm)	数量
赤松		1000~1100	400~500	Φ20~30	7
樟		500~600	350~450	Φ15~20	2
海桐球		200~250	200~250	—	6
大叶黄杨球		100~150	150~200	—	2
贴梗海棠		100~150	70~80	—	—
八角金盘		60~70	40~50	—	—
小龙柏		40~50	30~40	—	—

特点描述

    规则式庭院与整齐的造型植物相结合，庄重而大气，给人以宁静、稳定、秩序井然的空间体验。常绿的松树界定空间，整形的规则式灌木形成场地边界和绿色空间的基底，修剪精致的圆柏醒目地标识着场地的出入口，几株高大的红枫作为主景，在空间中点缀色彩并构成骨架，重点突出而层次分明。

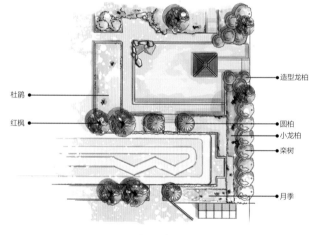

平面示意图

杜鹃

红枫

造型龙柏

圆柏

小龙柏

栾树

月季

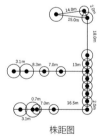

株距图

植物名称	图例	高度 (cm)	冠幅 (cm)	胸(地)径 (cm)	数量
红枫		800~900	600~700	Φ20~30	7
栾树		600~700	350~450	Φ15~20	8
圆柏		500~600	150~200	—	3
造型龙柏		150~200	100~200	—	9
月季		100~150	70~80	—	—
杜鹃		70~80	50~60	—	—
小龙柏		40~50	30~40	—	—

植物配置表

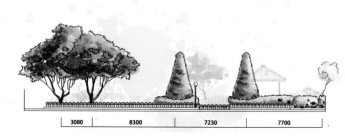

立面示意图

特点描述

　　植物与建筑围合形成的小尺度亲水空间，植物主要发挥界定、围合空间和视觉屏障的作用，水体、平台和栈道均采用折线型，因此，栈道和建筑之间作为基础种植空间，整形灌木、球形灌木和乔木进行规则式布局，强调空间的延展性和节奏感。水边则在色彩、种类和质感上力求多元化，为来此休息的人们提供一个舒适自然的室外庭院空间。

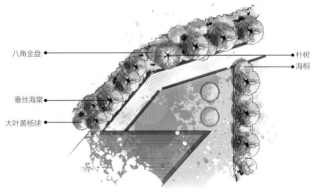

平面示意图

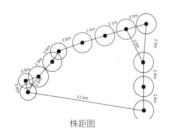

株距图

植物配置表

植物名称	图例	高度 (cm)	冠幅 (cm)	胸（地）径 (cm)	数量
朴树		700~800	450~500	Φ15~20	1
垂丝海棠		400~450	250~350	D10~15	11
海桐		150~200	200~250	—	3
大叶黄杨球		100~150	100~120	—	6
八角金盘		—	—	—	—

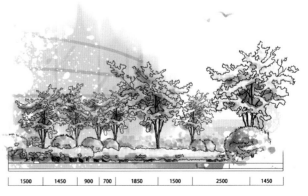

立面示意图

特点描述

　　以古典园林的造景手法实现建筑、植物、水体和石景的和谐统一，营造一种自然天成之美。垂柳高低起伏形成竖形条纹的空间背景，水体驳岸蜿蜒曲折，沿岸点缀千屈菜与自然置石，水中倒影相映成趣。建筑前孤植旱柳作为主景，增添了建筑与环境的融糅之美，突出场地自然宁静的气质。

平面示意图

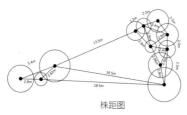

株距图

植物配置表

植物名称	图例	高度 (cm)	冠幅 (cm)	胸（地）径 (cm)	数量
垂柳		1000~1100	500~600	Φ25~30	7
旱柳		800~900	400~450	Φ20~25	2
石榴		200~250	200~300	D5~10	1
再力花		100~150	—	—	—
千屈菜		80~90	—	—	—

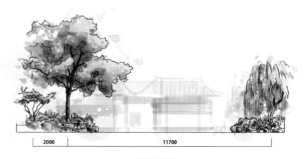

立面示意图

特点描述

    庭院以水体为中心，易营造对景，两岸各种植一株高大粗犷的垂柳，遥相呼应，强化了对景意图。其中，一株置于对景建筑前以引导视线；另一株则于桥头处，既是驻足观景点，也起到对桥的标识强调作用，与桥头另一侧的亭形成构图的均衡。

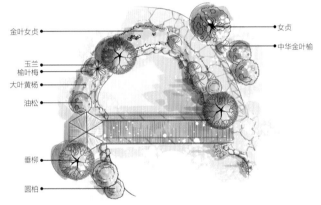

平面示意图

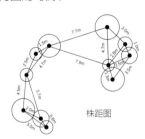

株距图

植物配置表

植物名称	图例	高度 (cm)	冠幅 (cm)	胸（地）径 (cm)	数量
垂柳		800~900	450~500	Φ30~40	3
油松		700~800	300~400	Φ15~20	3
圆柏		650~750	200~250	D5~10	3
女贞		500~600	300~350	Φ10~15	1
玉兰		300~400	200~300	D5~10	1
中华金叶榆		150~200	150~180	—	5
榆叶梅		80~90	60~70	—	4
大叶黄杨		60~70	40~50	—	—
金叶女贞		60~65	35~40	—	—

立面示意图

特点描述

高档居住区的植物配置应体现精致之美，丰富的植物层次、合理的色彩搭配和大规格苗木的使用是体现绿化档次的重要指标。本案例突出春季色彩，恰当的乔灌草搭配突出场地丰富的立面层次。

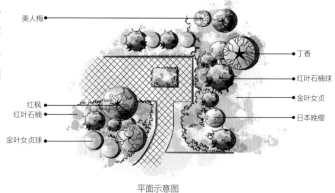

平面示意图

（美人梅、丁香、红叶石楠球、金叶女贞、日本晚樱、红枫、红叶石楠、金叶女贞球）

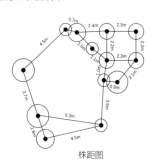

株距图

植物配置表

植物名称	图例	高度 (cm)	冠幅 (cm)	胸（地）径 (cm)	数量
美人梅		200~300	150~200	D5~10	1
日本晚樱		200~250	100~150	D5~10	2
红枫		200~250	100~150	D5~10	1
红叶石楠球		100~150	100~120	—	9
金叶女贞球		100~120	90~100	—	4
红叶石楠		70~80	55~65	—	—
金叶女贞		50~60	40~45	—	—

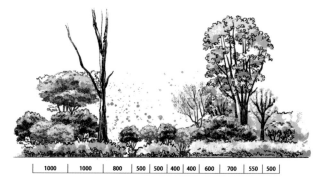

| 1000 | 1000 | 800 | 500 | 500 | 400 | 400 | 600 | 700 | 550 | 500 |

立面示意图

特点描述

居住区内的小型活动空间兼具人流集散和交通功能，采用绿植隔离带实现分流，隔离带形态与地面铺装的纹理相统一，采用落叶大乔木做孤植，在体量上占据绝对优势，并在不同季节满足不同的光线需求，隔离带灌木修剪得极具立体感，以强化孤植乔木的主体地位。

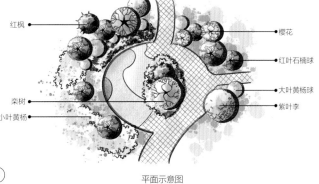

平面示意图

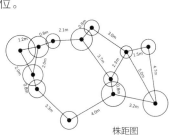

株距图

植物名称	图例	高度（cm）	冠幅（cm）	胸（地）径（cm）	数量
		植物配置表			
栾树		850~950	300~400	Φ15~20	1
紫叶李		500~600	300~350	D10~15	2
樱花		200~300	200~250	D10~15	2
红枫		200~300	200~250	D10~15	2
红叶石楠球		150~180	150~200	—	7
大叶黄杨球		100~150	120~150	—	6
小叶黄杨		80~90	50~60	—	

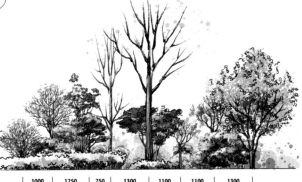

立面示意图

特点描述

居住区入口空间、中轴及两侧的植物种植池结合环形车道，发挥分流和引导交通的作用。入口空间低矮的深色灌木柔化置石坚硬感的同时突出石刻内容，搭配孤植樟树形成视觉焦点，突出住宅的文化氛围。其下靠近转弯处种植较为低矮的红花檵木和三色堇点缀空间，保证拐角处视线的通畅。

平面示意图

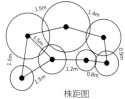

株距图

植物配置表

植物名称	图例	高度(cm)	冠幅(cm)	胸(地)径(cm)	数量
樟		1000~1100	550~650	Φ30~40	3
日本五针松		400~500	300~400	D15~20	1
鸡爪槭		300~400	250~350	D10~15	2
罗汉松		200~250	150~200	D5~10	1
山茶		100~150	80~90	—	1
红花檵木		50~60	30~40	—	
沿阶草		—	—	—	
三色堇		—	—	—	

立面示意图

特点描述

　　位于居民区内的休闲健身空间，通过抬高地形和多样的灌木对场地进行空间围合。远处的桂花和竹子形成浓密的深色背景，增加景深的同时缓解活动区对低层住户的影响；运动器械前留出的草坪空间以保证视野的开阔，提升空间亲和力和安全性，营造一个较为清新疏朗的健身活动环境。

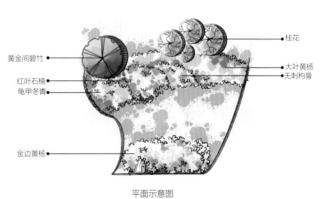

平面示意图

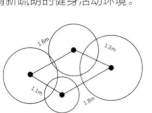

株距图

植物配置表				
植物名称	图例	高度 (cm)	冠幅 (cm)	胸（地）径 (cm)	数量
黄金间碧竹		400~500	100~150	D3~5	—
桂花		300~400	250~350	D5~10	4
大叶黄杨		80~90	70~80	—	—
无刺枸骨		70~80	55~60	—	—
红叶石楠		60~70	40~50	—	—
金边黄杨		50~60	35~45	—	—
龟甲冬青		40~50	30~40	—	—

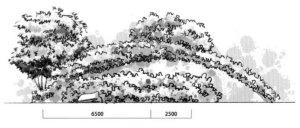

立面示意图

特点描述

　　由建筑围合的室外组团绿地空间，本节点绿化作为基础种植，主要起到了软化建筑立面的作用，并通过微地形构建围合感，界定了建筑入口空间。高大的女贞在转弯处形成醒目的终端，同时低矮的海桐、金叶女贞等灌木组合成模纹带状景观，丰富空间层次和色彩。

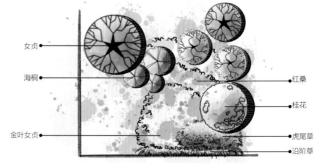

平面示意图

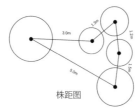

株距图

植物配置表

植物名称	图例	高度 (cm)	冠幅 (cm)	胸（地）径 (cm)	数量
女贞		650~750	400~500	Φ20~15	2
桂花		400~500	350~450	—	1
海桐		100~150	100~120	—	3
虎尾草		—	—	—	
红桑		70~80	55~60	—	
金叶女贞		40~50	35~40	—	
沿阶草		—	—	—	

立面示意图

特点描述

    本场地用阶梯与坡道相结合来处理场地高差，折线形坡道贯穿空间，使空间更具有趣味性和视觉统一性，沿阶草嵌边，山茶、杜鹃和紫叶小檗等低矮灌木沿石阶线性种植，点缀乔木，构成丰富的景观层次，柔化空间的硬质感。台阶顶端的绿化既有分流功能，也使得空间自然而富有亲和力。

桂花 ◀
金边黄杨 ◀
杜鹃 ◀
沿阶草 ◀

▶ 八角金盘
▶ 樟
▶ 紫叶小檗
▶ 紫薇
▶ 山茶

平面示意图

1.0m 3.8m 3.4m 12.2m 1.4m 5.4m 3.0m 1.4m

株距图

植物配置表

植物名称	图例	高度 (cm)	冠幅 (cm)	胸（地）径 (cm)	数量
樟		800~900	500~600	Φ15~20	2
桂花		500~600	400~500	D10~15	2
紫薇		400~500	200~300	D10~15	4
八角金盘		100~150	35~45	—	1
山茶		70~80	50~55	—	
金边黄杨		60~70	35~45	—	
杜鹃		40~70	35~45	—	
紫叶小檗		60~70	35~45	—	
沿阶草		—	—	—	

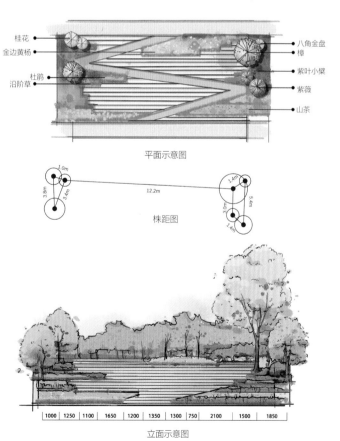

1000 1250 1100 1650 1200 1350 1300 750 2100 1500 1850

立面示意图

特点描述

　　居住区里的高台搭配较为规整的植物成为空间焦点，一层的挡土墙与水景墙结合，巨大的柱体使得整体结构更加稳固，经过抬高成为空间主景并与其互相呼应。二、三层挡土墙逐渐内收，结合植物丰富场地立面，整齐的红叶石楠突出场地稳重大气的氛围。

平面示意图

国槐

大叶黄杨

桂花

红叶石楠

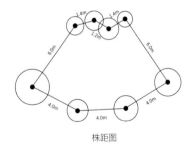

株距图

植物配置表

植物名称	图例	高度 (cm)	冠幅 (cm)	胸（地）径 (cm)	数量
国槐		750~850	450~550	Φ15~20	5
桂花		500~600	300~400	Φ10~15	3
红叶石楠		80~90	55~65	—	—
大叶黄杨		60~70	35~45	—	—

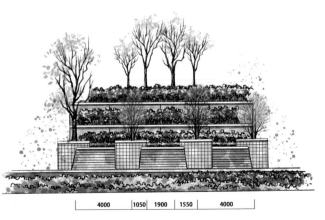

| 4000 | 1050 | 1900 | 1550 | 4000 |

立面示意图

特点描述

居住区内具有一定私密性的庭院入口，植物配置突出灌木的色彩和层次，美化建筑、台阶和挡土墙立面，自然式布局力求打破绿地轮廓的规整性。中央孤植一株高大的元宝槭作为空间主景，突出景观的季相变化，并对入口有一定的遮挡作用。

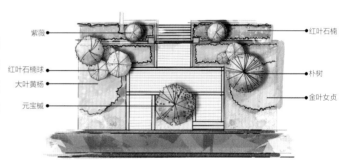

平面示意图

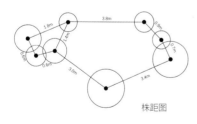

株距图

植物配置表

植物名称	图例	高度 (cm)	冠幅 (cm)	胸（地）径 (cm)	数量
朴树		1100~1200	550~650	Φ25~35	1
元宝槭		750~850	400~500	Φ15~20	1
紫薇		300~400	250~350	D5~10	2
红叶石楠球		200~300	200~250	—	3
红叶石楠		100~110	65~70	—	—
金叶女贞		70~80	45~55	—	—
大叶黄杨		55~65	30~40	—	—

立面示意图

115

特点描述

　　居住区内的道路绿化往往需要发挥隔离作用,即确保建筑内空间的私密性。因此,带状绿地需要保留一定的宽度,并结合微地形,将最高的植物种植在地形高脊线附近,以强化地形,对建筑形成有效遮挡,同时注意林缘线的变化,以达到良好的视距变化体验。

平面示意图

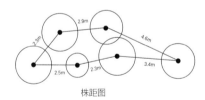

株距图

植物配置表

植物名称	图例	高度 (cm)	冠幅 (cm)	胸(地)径 (cm)	数量
朴树		850~950	450~550	Φ15~20	2
杜仲		600~750	350~400	Φ15~20	1
碧桃		350~400	300~350	D10~15	1
红叶石楠球		250~300	250~300	—	2
大叶黄杨		80~90	55~60	—	—
金叶女贞		70~80	40~50	—	—

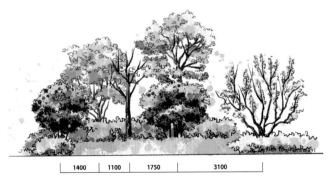

立面示意图

特点描述

　　场地位于居住区地下车库的入口处，丛植的银杏和朴树作为乔木层，具有显著的季节变化，转角处搭配红叶石楠等植物组团以突出置石，并强化道路交叉口的位置，白皮松和红叶石楠有效填充角落，丰富群落林冠线。

平面示意图

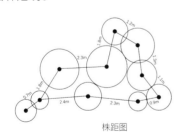

株距图

植物配置表

植物名称	图例	高度 (cm)	冠幅 (cm)	胸 (地) 径 (cm)	数量
银杏		1100~1200	400~500	Φ20~30	3
朴树		750~850	350~400	Φ15~20	1
红叶石楠球		200~300	200~300	—	4
白皮松		150~200	100~150	D5~10	1
扶芳藤球		100~150	100~120	—	1
金叶女贞		65~75	45~50	—	

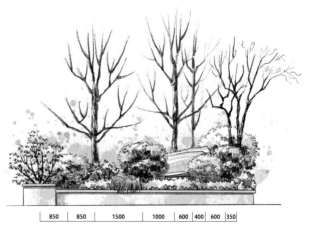

| 850 | 850 | 1500 | 1000 | 600 | 400 | 600 | 350 |

立面示意图

特点描述

　　位于居住区入口处的植物小品,绣线菊、红叶石楠球和山茶各一株,在色彩、形态和季相上均形成对比与互补,带状灌木将三者统一为整体,此植物组团兼具基础种植和软化建筑立面的作用。

山茶
六道木
龟甲冬青
绣线菊

红叶石楠
瓜子黄杨
月季

平面示意图

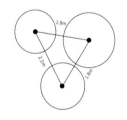

株距图

植物配置表

植物名称	图例	高度 (cm)	冠幅 (cm)	胸(地)径(cm)	数量
山茶		400~500	250~300	D10~15	1
红叶石楠		350~400	300~350	—	1
绣线菊		150~200	150~180	—	1
六道木		100~150	100~120	—	3
龟甲冬青		50~60	30~40	—	2
瓜子黄杨		50~60	30~40	—	—
月季		50~60	40~50	—	1

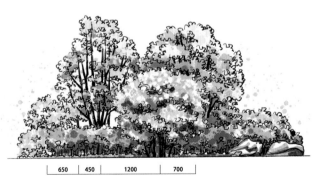

| 650 | 450 | 1200 | 700 |

立面示意图

特点描述

　　场地位于居住区内靠近建筑的双向车道，道路两侧栽植黄杨、紫叶李等植物作为基础种植并分割空间。道路中间的树池以红叶石楠和黄杨为主，形成较强的色彩对比，同时实现车辆的双向分流，行车的隔离带植物配置宜简不宜繁，以保障行车安全为前提。

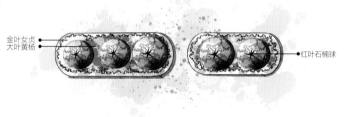

金叶女贞
大叶黄杨
红叶石楠球

平面示意图

株距图

植物配置表

植物名称	图例	高度 (cm)	冠幅 (cm)	地径 (cm)	数量
红叶石楠球		150~200	150~180	—	5
大叶黄杨		65~75	40~50	—	
金叶女贞		45~55	30~40	—	

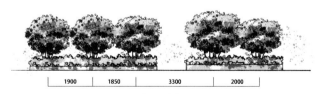

立面示意图

特点描述

场地为居住区的户外活动空间，乔灌草结合形成空间的围合感，植坛边缘抬高，可作为休息座位，使之具有一定的私密性，是适于休息、聊天的室外客厅。灌木打底取代草坪，减少养护成本，提升生态效应，红叶石楠、红枫以及紫荆等营造亮丽的春色。

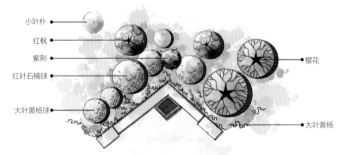

平面示意图

小叶朴
红枫
紫荆
红叶石楠球
大叶黄杨球
樱花
大叶黄杨

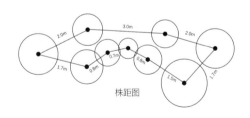

株距图

植物名称	图例	高度 (cm)	冠幅 (cm)	胸 (地) 径 (cm)	数量
樱花		350~450	300~350	Φ10~15	2
红枫		350~400	250~300	D5~10	2
小叶朴		400~550	250~350	D10~15	1
紫荆		200~250	150~200	—	1
红叶石楠球		150~200	150~180	—	3
大叶黄杨球		100~150	100~150	—	2
大叶黄杨		55~65	30~40	—	

植物配置表

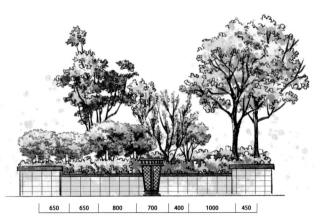

| 650 | 650 | 800 | 700 | 400 | 1000 | 450 |

立面示意图

特点描述

　　入户的步行空间应体现更为惬意的亲人尺度，在设计上更注重开放空间向私密空间的过渡，植物由近及远密度和高度均逐渐增加，以增强植物对空间的围合感，并隐藏入口、软化建筑立面。沿路于拐弯处种植红叶石楠，具有强调和提示作用，以日本晚樱等花灌木和红枫等色叶树为主景，丰富季节色彩。

平面示意图

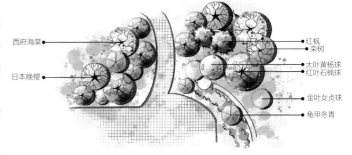

株距图

植物配置表

植物名称	图例	高度 (cm)	冠幅 (cm)	胸（地）径 (cm)	数量
日本晚樱		450~550	300~350	D15~20	2
西府海棠		300~400	250~300	D10~15	2
红枫		250~300	200~250	D15~20	3
栾树		1100~1200	550~650	Φ25~35	1
红叶石楠球		150~200	150~180	—	7
大叶黄杨球		100~150	100~120	—	2
金叶女贞球		100~120	80~90	—	2
龟甲冬青		80~100	65~75	—	4

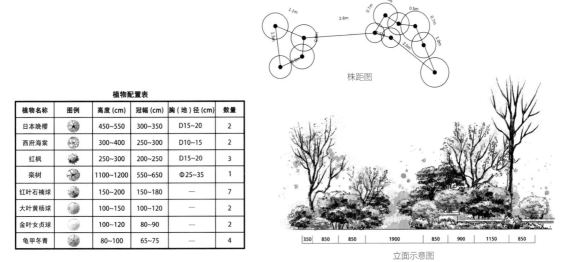

立面示意图

特点描述

　　居住区内游园的小径是居民日常散步的重要场所，需重点强化慢行中的亲人尺度和步移景异的视觉体验，丰富的植物层次、围合感和植物多样化是其设计要点。地形由两侧向道路倾斜，海桐球、红叶石楠球等结合置石作为下层常绿景观，沿汀步种植，强化空间围合感和私密性；孤植的银杏成为空间焦点，也是拐弯处的标识，丁香、紫荆、连翘等大量花灌木的应用，突出春景和季相特征，植物群落丰富多变，极具亲和力。

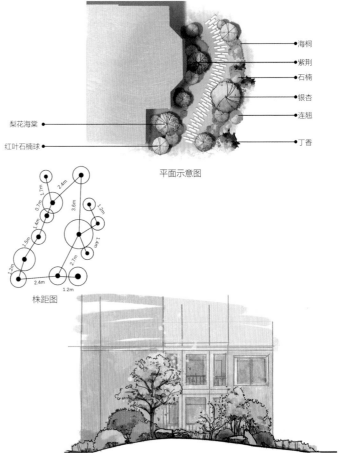

海桐
紫荆
石楠
银杏
连翘
丁香
梨花海棠
红叶石楠球

平面示意图

株距图

立面示意图

植物配置表

植物名称	图例	高度 (cm)	冠幅 (cm)	胸（地）径 (cm)	数量
银杏		1000~1100	350~400	Φ20~25	1
梨花海棠		350~450	200~300	D10~15	3
丁香		350~450	200~300	—	3
紫荆		200~300	150~200	—	1
红叶石楠球		150~180	100~150	—	5
海桐		100~150	80~90	—	5
石楠		100~150	80~90	—	2
连翘		100~150	150~200	—	1

特点描述

位于楼体之间台阶步道两侧的植物配置,属于垂直空间而又极具透视感,在台阶与建筑之间形成绿色屏障,恬静而互不干扰。两株高大石楠球对植于道路两侧构成对景,台阶两侧对称种植,强化透视。在地形高处种植荷花玉兰等,突出垂直空间,增强了场所的仪式感。

鸡爪槭

紫荆

女贞
西府海棠

雪松

银杏

荷花玉兰

红叶石楠球
鸢尾

平面示意图

株距图

植物配置表

植物名称	图例	高度 (cm)	冠幅 (cm)	胸(地)径 (cm)	数量
雪松		1100~1200	500~600	—	1
银杏		900~950	300~400	Φ15~20	1
鸡爪槭		700~800	300~350	D10~15	2
荷花玉兰		600~650	200~300	Φ10~15	1
女贞		250~350	150~200	Φ5~10	1
西府海棠		150~200	150~180	D5~10	3
紫荆		200~250	150~200	—	1
红叶石楠球		150~180	100~150	—	10
鸢尾		25~30	20~25	—	—

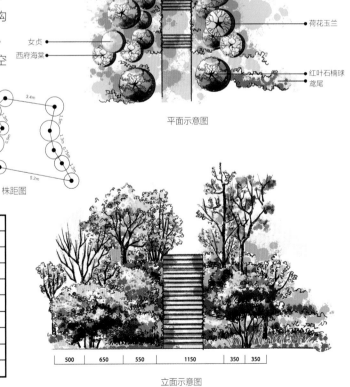

| 500 | 650 | 550 | 1150 | 350 | 350 |

立面示意图

特点描述

　　场地道路以规则的几何形为主，植物则采用自然式布局以打破空间的严肃性，更适用于居住区的景观氛围。在转角处以红叶石楠球等作为对路径的引导与提示，植物由疏朗逐渐过渡为紧凑，红枫、西府海棠、紫叶李等塑造花团锦簇之美，乔木与观赏点之间保持着良好的视距。

平面示意图

株距图

植物配置表

植物名称	图例	高度 (cm)	冠幅 (cm)	胸（地）径 (cm)	数量
白蜡		850~950	350~450	Φ15~20	2
鸡爪槭		600~700	250~350	D10~15	2
紫叶李		450~550	200~300	D10~15	2
红叶石楠球		450~550	200~300	D10~15	1
红枫		200~300	200~250	D10~15	3
西府海棠		150~200	100~200	D10~15	2
红叶石楠球		150~180	100~150	—	3
金叶女贞球		150~180	100~150	—	2
金叶女贞		70~80	45~55	—	—

立面示意图

特点描述

　　居住区正门入口处景观突出大门线条的硬朗规整，植物配置采用规则式，突出入口沉稳大气的空间氛围。中轴线上种植的几株造型松以及两侧列植的大规格银杏，尽显该小区的品质，林下修剪的灌木也采用了两层的立体式设计，突出场地的精致化。

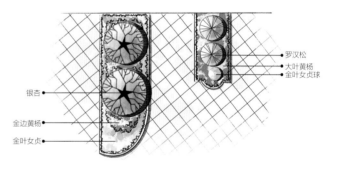

罗汉松
大叶黄杨
金叶女贞球
银杏
金边黄杨
金叶女贞

平面示意图

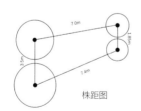

7.0m
1.85m
3.5m
7.4m

株距图

植物配置表

植物名称	图例	高度 (cm)	冠幅 (cm)	胸（地）径 (cm)	数量
银杏		1000~1100	500~600	Φ30~35	2
罗汉松		250~350	200~300	D10~15	2
金叶女贞球		100~150	100~120	—	1
金边黄杨		70~80	45~55	—	—
金叶女贞		55~65	35~40	—	—
大叶黄杨		40~50	25~30	—	—

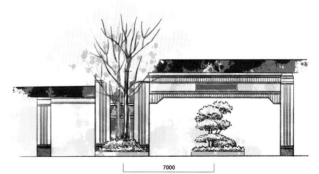

7000

立面示意图

特点描述

　　场地为居住区内步道空间，乔木与整齐的修剪灌木沿路种植，转弯处的中型乔木密布，营造了自然林地的郁闭之感，遮挡了其后的景物，随后便是豁然开朗的绿地空间。使游人在有限的空间中体验有若自然的丰富变化，达到步移景异的效果。

五角枫
金叶女贞
金边黄杨

平面示意图

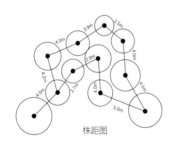

株距图

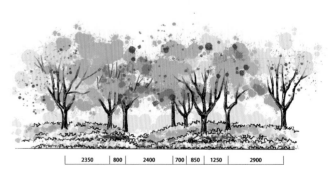

| 2350 | 800 | 2400 | 700 | 850 | 1250 | 2900 |

立面示意图

植物配置表

植物名称	图例	高度(cm)	冠幅(cm)	胸(地)径(cm)	数量
五角枫		800~900	400~500	Φ20~30	11
金叶女贞		80~90	50~55	—	—
金边黄杨		70~80	35~45	—	—

特点描述

　　此处虽为居住区室外步道空间，但视野开阔，高大乔木组合充当远景或背景，构成了蜿蜒起伏的林冠线，柔化了高层建筑生硬的线条，中景则突出富有动感的金叶女贞、金边黄杨等模纹图案，与道路流线相呼应，质感良好的景观设施及惟妙惟肖的雕塑作为近景，构成了一幅柔美而完整的空间构图。

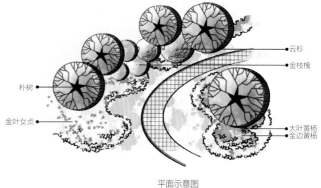

平面示意图

朴树
金叶女贞
云杉
金枝槐
大叶黄杨
金边黄杨

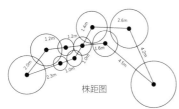

株距图

植物配置表					
植物名称	图例	高度(cm)	冠幅(cm)	胸(地)径(cm)	数量
朴树		1100~1200	500~600	Φ25~35	4
云杉		650~750	300~400	D15~20	2
金枝槐		400~500	250~300	D10~15	3
金边黄杨		100~110	50~60	—	—
金叶女贞		55~65	30~40	—	—
大叶黄杨		100~110	50~60	—	—

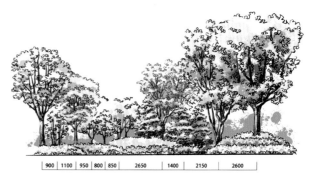

立面示意图

特点描述

别墅区主入口以喷泉跌水为中心,高大而树冠丰满的樟树构成了绿色视觉屏障和背景,凸显出潺潺流动的跌水,提供了清爽而律动的主体景观。水景前的金叶女贞、红花檵木和羽衣甘蓝模纹不仅美化和界定了入口景观的边缘,而且延续了跌水的纹理层次,丰富了空间色彩,为行人观赏水景提供了最佳的视距。

平面示意图

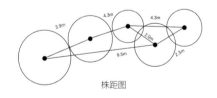

株距图

植物配置表

植物名称	图例	高度(cm)	冠幅(cm)	胸(地)径(cm)	数量
樟		1000~1100	550~650	Φ25~35	5
胶东卫矛		100~150	80~90	—	
金叶女贞		80~85	40~50	—	
红花檵木		40~50	30~35	—	
羽衣甘蓝		—	—	—	

立面示意图

特点描述

　　居住区中的水景往往不可多得，本案例于人工中塑造自然，采用大块卵石堆砌驳岸，搭配耐水湿的植物形成如自然天成般的水景空间。两岸的垂柳与红枫相对而植，在色彩、形态和体量上均形成对比，同时对蜿蜒的溪流形成夹景，使空间婉转而有若无尽。

平面示意图

海棠

大叶黄杨

红枫

红叶石楠球

垂柳

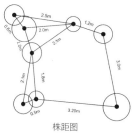

株距图

植物名称	图例	高度 (cm)	冠幅 (cm)	胸（地）径 (cm)	数量
垂柳		600~1000	350~500	Φ10~20	4
海棠		350~400	250~300	D5~10	1
红枫		150~250	150~200	D5~10	3
红叶石楠球		100~180	100~150	—	11
大叶黄杨		80~90	70~80	—	4

植物配置表

| 350 | 700 | 1150 | 1000 | 350 | 550 |

立面示意图

特点描述

　　居住区入口一侧景观，组团以置石堆叠塑造地形，充当小区围墙，打破了墙体或围栏的生硬感和心理上的隔离感，使居住区内外浑然一体，弱化了边界的线性，对内形成私密空间，对外则是层次丰富的自然景观。银杏、雪松等尖塔形大乔木居于最高处，常绿与落叶相结合，突出季相变化；低处则种以红枫、大叶黄杨、金叶女贞、红叶石楠等，与置石间高低错落，整体上强化了竖向上的变化，凸显自然之美。

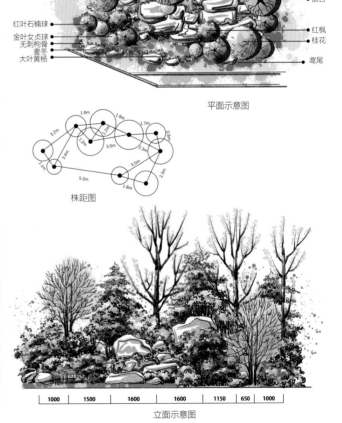

平面示意图

株距图

植物配置表

植物名称	图例	高度 (cm)	冠幅 (cm)	胸（地）径 (cm)	数量
银杏		1100~1200	500~600	Φ25~35	3
雪松		800~850	450~500	—	3
桂花		400~500	300~400	—	2
红枫		250~350	200~250	D5~10	2
红叶石楠球		150~180	100~150	—	4
金叶女贞球		100~150	100~120	—	2
鸢尾		—	—	—	
大叶黄杨		35~45	35~40	—	
麦冬		—	—	—	
无刺枸骨		35~45	35~40	—	

| 1000 | 1500 | 1600 | 1600 | 1150 | 650 | 1000 |

立面示意图

特点描述

居住区内的二级道路宜在通行需求的基础上，综合考虑步行体验过程中对植物细节的关注以及空间的开合变化。道路两侧乔木以樱花等春季开花的蔷薇科植物为主，满足游客对花卉的观赏需求，乔灌草相结合打造林缘线的承转启合，突出小路的幽深感，空间从开放自然过渡到私密。

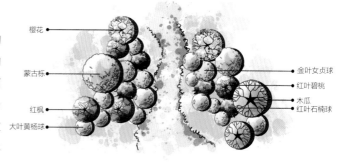

平面示意图

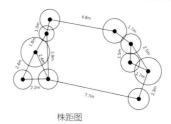

株距图

植物配置表					
植物名称	图例	高度 (cm)	冠幅 (cm)	胸（地）径 (cm)	数量
蒙古栎		800~900	300~400	—	2
木瓜		700~750	250~350	D10~15	2
樱花		450~550	250~300	D5~10	2
红枫		300~400	200~250	D5~10	3
红叶碧桃		250~350	150~200	D5~10	1
红叶石楠球		150~180	150~180		4
大叶黄杨球		100~150	100~120		8
金叶女贞球		100~120	80~90		7

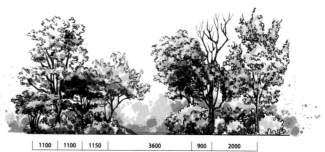

| 1100 | 1100 | 1150 | 3600 | 900 | 2000 |

立面示意图

特点描述

别墅区应具有更丰富的视觉景观层次。其滨水景观设计应具有较高的植物丰富度，建筑隐约可见，有欲扬先抑之障景效果。乔木、灌木相结合，常绿与落叶搭配，樟树为主景，成片点缀黄杨球以统一组合底平面。场地位于上海，落叶树比重小，主要体现季相变化，配合小桥、流水，丰富游览路线，增加了空间感。

平面示意图

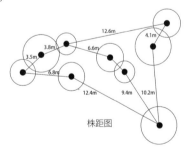

株距图

植物配置表

植物名称	图例	高度 (cm)	冠幅 (cm)	胸（地）径 (cm)	数量
樟		1000~1300	250~300	Φ 18~20	1
朴树		600~900	250~320	Φ 15~18	4
垂柳		600~1000	200~280	Φ 18~20	5
大叶黄杨球		150~160	80~120	—	4

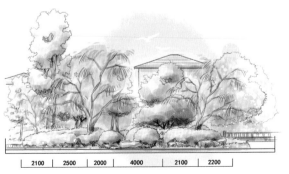

立面示意图

室外停车空间

特点描述

　　浓密的绿化带作为室外停车场的视觉屏障，有利于塑造完整的景观风貌，亦可减少噪声、除尘、净化空气。高大的松树作为背景，为周边提供了良好的荫蔽；姿态优美的红枫和樱花等色叶树作为空间主景，突出色彩上的季相变化，增强了停车空间的视觉舒适度；浓密的黄杨在高度上实现了底层空间对停车场的视线遮挡。

平面示意图

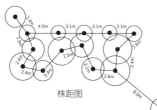

株距图

植物配置表

植物名称	图例	高度 (cm)	冠幅 (cm)	胸（地）径 (cm)	数量
赤松		1400~1500	500~600	Φ25~30	5
栾树		800~900	500~550	Φ20~25	2
樱花		500~600	300~400	D15~20	1
红枫		500~550	300~350	D10~15	1
圆柏		300~400	150~200	—	5

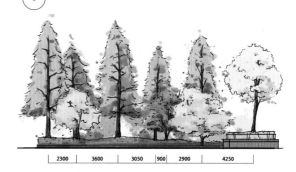

立面示意图

133

特点描述

靠近码头的滨水公园室外空间，蜿蜒的带状绿植将停车空间隔离于视野之外。成片的黑松抗风性强，也是视觉屏障和绿地背景；线性的小龙柏模纹具有较强的边界感，自由优美的草本地被图案呼应了绿地整体的曲线之美，增强了滨水景观的沉浸感，同时在视觉上形成了丰富的植物层次。

平面示意图

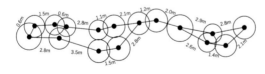

株距图

植物配置表

植物名称	图例	高度 (cm)	冠幅 (cm)	胸（地）径 (cm)	数量
黑松		1000~1100	500~600	Φ25~30	9
樟		800~900	450~550	Φ20~25	7
小龙柏		70~80	45~50	—	—

立面示意图

特点描述

　　位于同济大学内路边停车的绿地景观，主要功能是分隔建筑前广场和道路。带状的草坪空间在建筑、绿地和道路之间形成自然的过渡，视觉上通透开敞。树形优美的樟树，具有较强的辨识度，两株一丛，金叶女贞将其连接为一个整体。

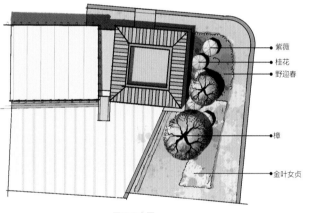

平面示意图

紫薇
桂花
野迎春

樟

金叶女贞

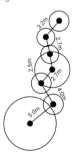

株距图

植物配置表

植物名称	图例	高度 (cm)	冠幅 (cm)	胸（地）径 (cm)	数量
樟		1100~1200	700~750	Φ25~30	2
桂花		400~500	350~450	D15~20	2
紫薇		350~400	250~300	D10~15	3
野迎春		70~80	45~55	—	—
金叶女贞		50~60	30~40	—	—

4000

立面示意图

校园空间

特点描述

　　韩国梨花女子大学的主建筑埋入地底，其上的屋顶成为校园中心的公共绿地。两侧绿地缓缓抬升，而中央一条坡道逐渐下沉，因此，绿地具有屋顶花园的性质，不适宜种植高大乔木。由于空间狭长且尺度较大，在植物配置上采用混合式，整体呈规则式以突出场地的秩序感。折线道路打破狭长感，并减轻上坡的疲劳，局部的自然布局与校园活跃的景观氛围相协调。

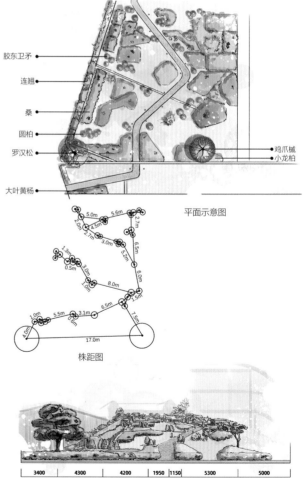

平面示意图

株距图

立面示意图

植物配置表

植物名称	图例	高度 (cm)	冠幅 (cm)	胸 (地) 径 (cm)	数量
罗汉松		650~750	500~600	Φ30~35	1
鸡爪械		450~550	400~450	D15~20	1
圆柏		200~300	150~250	—	38
连翘		200~250	100~150	—	—
桑		150~200	100~120	—	—
胶东卫矛		100~150	100~120	—	8
大叶黄杨		85~95	50~55	—	—
小龙柏		60~70	40~50	—	—

特点描述

　　韩国梨花女子大学校园内的一处中庭空间，两侧植坛边缘抬高可供游人休息，浓密的修剪灌木作为绿色基底，七叶树等乔木构成空间的围合感，同时提供了良好的遮蔽，既是对两侧建筑立面的软化，也形成了对建筑入口的框景和视线引导，赋予交通空间更强的亲和力和休憩功能。

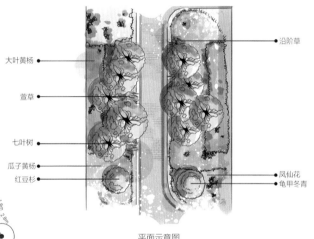

平面示意图

大叶黄杨

萱草

七叶树

瓜子黄杨

红豆杉

沿阶草

凤仙花
龟甲冬青

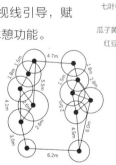

株距图

植物配置表

植物名称	图例	高度(cm)	冠幅(cm)	胸(地)径(cm)	数量
七叶树		1000~1100	550~650	Φ10~15	10
龟甲冬青		350~450	200~300	D5~10	1
红豆杉		300~400	200~250	D5~10	1
大叶黄杨		85~95	50~60	—	
瓜子黄杨		60~70	30~40	—	
沿阶草		—	—		
凤仙花		—	—		
萱草		—	—		

立面示意图

1000　650　4700　700　1700

特点描述

　　韩国江原大学的一处建筑入口景观，中间的雕塑组合是视觉焦点，植物配置两侧向中央聚集，并呈现近似对称的空间布局，强化了雕塑的主体地位，云杉与假连翘在形态和色彩上的对比，突出了组合的变化，丰富了空间层次。

平面示意图

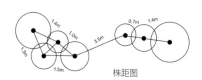

株距图

植物配置表

植物名称	图例	高度（cm）	冠幅（cm）	胸（地）径（cm）	数量
云杉		550~650	200~300	D10~15	2
红瑞木		200~250	150~200	—	3
假连翘		150~200	150~180	—	2
大叶黄杨		100~150	100~120	—	8
齿叶冬青		50~60	30~40	—	—

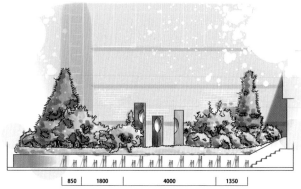

立面示意图

特点描述

山东大学威海校区主楼入口一侧的植物景观节点，植物组团空间层次丰富。杜鹃、金边黄杨和红叶石楠形成植坛的基底模纹，春季色彩艳丽，层次分明，图案鲜明，体现校园活力。点缀的球状大叶黄杨强化了模纹的立面变化，八棱海棠和紫叶李作为主景，一红一白相互映衬，突出拐角空间。

平面示意图

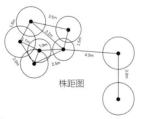

株距图

植物配置表

植物名称	图例	高度 (cm)	冠幅 (cm)	胸（地）径 (cm)	数量
白蜡		1100~1200	550~600	Φ25~30	2
苦楝		850~950	400~500	Φ20~25	2
八棱海棠		600~700	350~450	D15~20	2
紫叶李		500~550	300~400	D15~20	2
红叶石楠球		150~200	150~180	—	4
大叶黄杨球		100~150	100~120	—	4
龙柏球		100~120	80~90	—	2
红叶石楠		80~90	45~55	—	—
金边黄杨		60~70	30~40	—	—
杜鹃		30~40	20~25	—	—

立面示意图

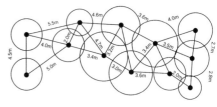

株距图

特点描述

孤植树往往在需要体量或色彩上比较突出。本案例为山东大学威海校区入口拐角处的植物景观，选用高大的刺槐，采用孤植的手法，使得盛花期的刺槐在体量和色彩上均成为视觉焦点，而绿地中密植的乔木营造了浓郁的自然氛围，提供了连续统一的背景。

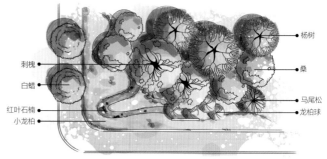

刺槐 ●
白蜡 ●
红叶石楠 ●
小龙柏 ●
● 杨树
● 桑
● 马尾松
● 龙柏球

平面示意图

植物配置表

植物名称	图例	高度 (cm)	冠幅 (cm)	胸（地）径 (cm)	数量
刺槐		1100~1200	600~650	Φ30~35	2
杨树		1000~1100	400~500	Φ25~30	3
白蜡		850~950	400~450	Φ25~30	2
桑		700~800	350~400	Φ20~25	4
马尾松		300~400	200~300	Φ10~15	1
龙柏球		150~180	100~150	—	4
红叶石楠		70~80	45~50	—	
小龙柏		50~60	30~40	—	

| 4000 | 2250 | 3000 | 750 | 1700 |

立面示意图

特点描述

中国美术学院象山校区的一处孤植景观。平整开阔的绿色草坪映衬着富有变化的暖色调建筑，一株树形优美的孤植樟树成为草坪空间的主景，并位于建筑立面的黄金分割点处，与质朴的砖瓦建筑立面相互映衬，空间氛围时尚而古朴沉稳，宁静而富有生机。

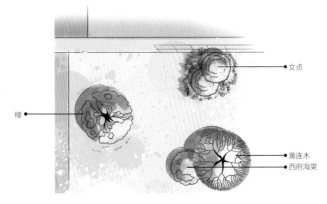

平面示意图

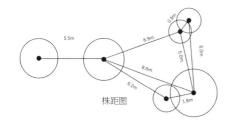

株距图

植物名称	图例	高度（cm）	冠幅（cm）	胸（地）径（cm）	数量
黄连木		850~950	500~600	Φ30~35	1
樟		700~800	400~500	Φ25~30	1
西府海棠		300~400	200~300	D5~10	1
女贞		250~300	150~250	D5~10	2

植物配置表

立面示意图

特点描述

　　华南农业大学校园中的一处滨水空间，采用自然驳岸与亲水平台相结合的方式，水面及周边高大乔木围合形成一个安静且适于休息的临水空间，台阶两侧密植灌木，围合并遮挡视线，强化空间透视。亲水平台一侧设置树阵，营造阴凉的环境，供人们驻足、休憩和赏景。

平面示意图

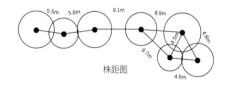

株距图

植物配置表

植物名称	图例	高度 (cm)	冠幅 (cm)	胸（地）径 (cm)	数量
柠檬桉		1400~1500	700~800	Φ30~35	2
假苹婆		1000~1100	550~650	Φ25~30	5
鸡蛋花		300~400	250~350	D10~15	6
花叶艳山姜		150~200	150~180	—	15

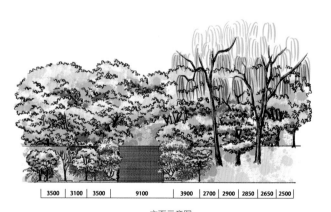

立面示意图

特点描述

　　山东大学中心校区校园内的草坪空间，植物组合结合周边的杨树、雪松等乔木构成高低起伏的林冠线，列植的银杏强化了场地的围合感和空间秩序，丛植的紫叶李等色彩突出，草坪在保持与道路之间合理的视距同时，对校园中轴形成良好的视觉障景，具有划分空间的功能。

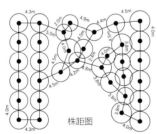

株距图

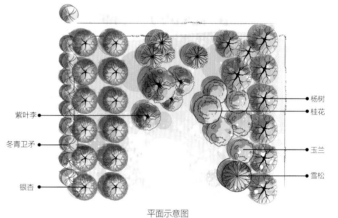

平面示意图

植物配置表					
植物名称	图例	高度(cm)	冠幅(cm)	胸(地)径(cm)	数量
杨树		1400~1500	550~650	Φ30~35	9
银杏		1000~1100	350~450	Φ25~30	12
雪松		800~900	350~400	—	1
玉兰		700~800	300~350	D15~20	3
桂花		700~800	300~350	D15~20	3
紫叶李		600~650	250~300	D10~15	4
冬青卫矛		200~300	200~250	—	10

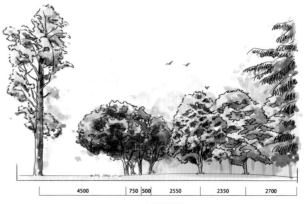

立面示意图

特点描述

    山东大学校园教学楼前的一处景观小品。泰山石纹理优美而刚毅，配以造型植物——对节白蜡，雅致而稳重，符合山东大学文史见长的校园文化氛围。从功能上分析，既界定了人行道和建筑前广场之间的空间界线，也形成了一定的视觉屏障。

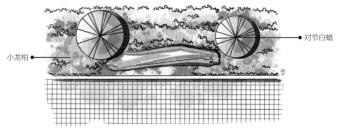

小龙柏

对节白蜡

平面示意图

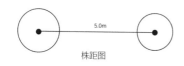

5.0m

株距图

植物配置表					
植物名称	图例	高度 (cm)	冠幅 (cm)	胸（地）径 (cm)	数量
对节白蜡		300~400	200~300	Φ25~30	2
小龙柏		50~60	25~35	—	—

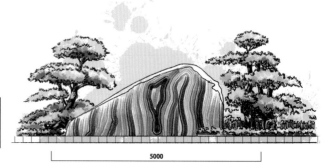

5000

立面示意图

特点描述

　　教学楼前集散广场，空间较为开阔，入口前的两株植物形成对植，在位置选择上靠近消防等地面设施，起到提示作用，同时也是对教学楼入口的引导，使得生硬冰冷的硬质空间流露出一丝的生机。

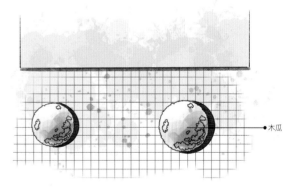

木瓜

平面示意图

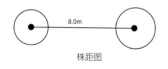

8.0m

株距图

植物配置表

植物名称	图例	高度 (cm)	冠幅 (cm)	地径 (cm)	数量
木瓜		500~600	400~550	40~50	2

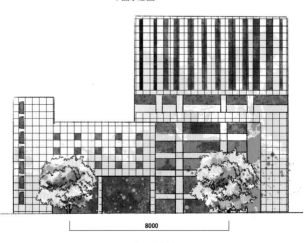

8000

立面示意图

特点描述

　　校园中的水体有利于调节局部微气候，结合水生植物和绿地植物围合形成舒适静谧的滨水景观空间，挺水植物与浮水植物为前景更具有亲和力，柔化道路硬质感，对岸为自然碎石驳岸，微地形与植物相配合突出空间层次和景深，远处的樟树结合地形形成起伏的林冠线，为滨水空间提供了良好的对景。

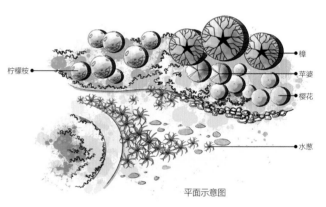

平面示意图

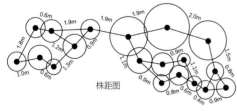

株距图

植物配置表

植物名称	图例	高度 (cm)	冠幅 (cm)	胸（地）径 (cm)	数量
樟		1400~1500	600~700	Φ30~40	3
柠檬桉		800~900	400~450	Φ20~25	7
苹婆		600~700	300~350	D15~20	2
樱花		500~600	200~300	D10~15	7
水葱		100~150	—	—	—

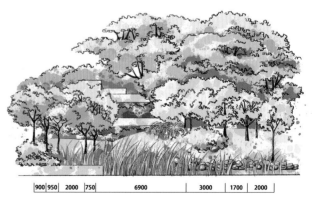

| 900 | 950 | 2000 | 750 | 6900 | 3000 | 1700 | 2000 |

立面示意图

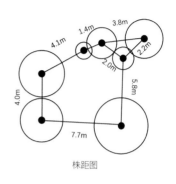

株距图

红枫

黑松

银杏

鹅掌楸

平面示意图

特点描述

山东农业大学内的一处林荫广场，以人行交通为基本功能，切出较为规整的几何形树池，但打破整齐树阵结构，周边大树围合，形成半私密阴凉空间，以秋色叶树种为主，提升空间的体验感和吸引力。鹅掌楸高大挺拔，树姿优美，体现着校园的历史厚重和"登高必自"的校训精神，空间疏朗多变而不失稳重。

| 900 | 1950 | 1000 | 1750 | 2050 |

立面示意图

植物配置表

植物名称	图例	高度(cm)	冠幅(cm)	胸(地)径(cm)	数量
银杏		1100~1200	400~500	Φ25~30	1
鹅掌楸		850~950	350~450	Φ15~20	1
黑松		600~700	200~300	Φ10~15	1
红枫		350~450	200~250	D10~15	2

特点描述

　　校园广场空间采用列植的造景方式配合道路纵向铺装，将视线引至道路尽头，有序的布局使空间具有严肃性，高大的悬铃木强化了场地的历史感，同时带有才华横溢的寓意，整齐中又含有变化的韵律感，体现了大学学术之严谨与思想之活跃。树荫下设置石板座椅，为师生提供休闲场所，具有较强的功能性，体现空间的人性化与亲和力。

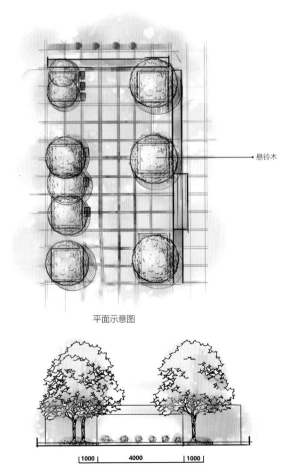

悬铃木

平面示意图

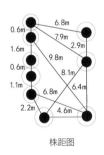

株距图

植物配置表

植物名称	图例	高度 (cm)	冠幅 (cm)	胸径 (cm)	数量
悬铃木	●	3000~3100	400~410	15	9

立面示意图

特点描述

　　该空间为校园内汀步道路景观，小路汀步的设置考虑到师生步行交通的便利性和体验感。道路两侧植物配置从草坪、观赏灌木（牡丹）、乔木随汀步往内侧逐渐推进，在咫尺之间构成了丰富的空间层次；紫叶李与云杉之间强烈的色彩对比，以及落叶与常绿乔木的搭配，丰富了空间的季相变化。以达到最大程度地方便学生有好的观赏体验的目的。

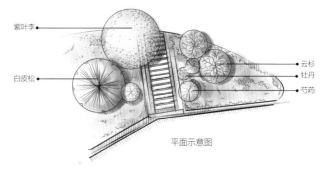

平面示意图

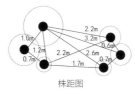

株距图

植物配置表

植物名称	图例	高度(cm)	冠幅(cm)	胸(地)径(cm)	数量
紫叶李		800~1000	800~1000	D20	1
白皮松		500~520	200~250	Φ20	1
云杉		400~500	180~220	Φ22	2
牡丹		40~50	55~65	—	2
芍药		50~65	60~70	—	2

立面示意图

特点描述

　　该空间位于中国美术学院象山校区内，大片草坪与高大乔木构成了绿色生态的大环境，营造出厚重的历史感和背景色调。林立的树干更加凸显出红砖与白色的扁平石刻景墙，低矮的灌木充实了背景，衬托出景墙主景观，而前方列植的樟树则发挥了很好的视线引导作用，强化了场地的视觉张力。

樟

平面示意图

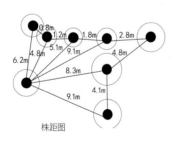

株距图

植物配置表

植物名称	图例	高度 (cm)	冠幅 (cm)	胸径 (cm)	数量
樟	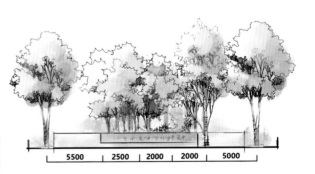	1000~1500	500~700	17~19	9

立面示意图

特点描述

　　本设计的目的是为了界定广场与道路之间的界线。以灌木作为空间界线，设计重点突出面向广场一侧的观景效果。鉴于空间为狭长弧形，选用榔榆、腊梅、西府海棠等植物，重在表现植物配置在竖向以及季相上的变化，点缀置石，更贴近自然，整体犹如一道绿墙，同时发挥遮阴作用。

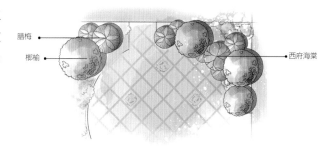

平面示意图

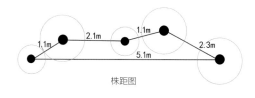

株距图

植物配置表

植物名称	图例	高度 (cm)	冠幅 (cm)	胸（地）径 (cm)	数量
榔榆		650~800	500~600	Φ35~40	4
腊梅		300~350	200~250	D15~20	7
西府海棠		250	250	D10	1

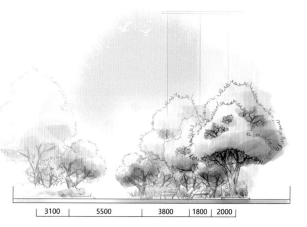

立面示意图

特点描述

　　居住区内人行步道交叉口处，正对道路主要方向的绿地处往往需要设置对景。本案例以自然式布局的7株紫叶李为背景，以修剪整齐的灌木模纹连接为整体，前方留出草坪，形成合理视距，并放置推车花箱，丰富了空间元素，使得场地更富有生活气息。

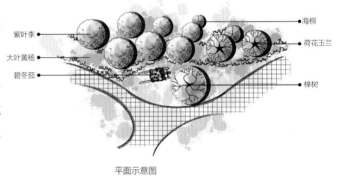

平面示意图

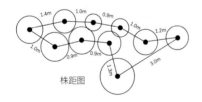

株距图

植物配置表

植物名称	图例	高度(cm)	冠幅(cm)	胸(地)径(cm)	数量
榉树		800~900	400~500	Φ15~20	1
荷花玉兰		700~750	250~350	Φ15~20	2
紫叶李		400~500	250~300	Φ10~15	7
海桐		150~200	150~180		2
大叶黄杨		70~80	45~55		25株/㎡
碧冬茄		20~25	20~25		26株/㎡

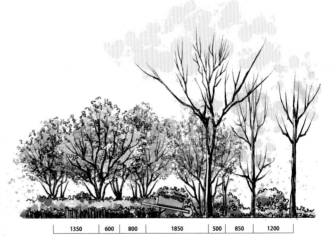

立面示意图

半私密空间

公园的半私密空间

街道休闲区

居住区半私密空间

屋顶花园空间

半私密庭院

公园的半私密空间

特点描述

　　沈阳世博园英国园采用典型的规则式布置，场地两侧植物对称布局强化了中央轴线，即道路—中心小广场—雕塑—红色背景墙，规整而理性。背景植物衬托出红色欧式墙体，中央雕塑富有动感。对植的圆柏强化了轴线入口，并构成场地的骨架，中心小广场中央植坛内的草本花卉，保障了视野的通透，其后面列植的小乔木强化空间秩序，并烘托雕塑的动态感。

株距图

平面示意图

栎树 ● 　　　　　　　● 松
杜仲 ●
　　　　　　　　● 角堇
圆柏 ●
　　　　　　　　● 紫叶小檗
　　　　　　　　● 小龙柏
　　　　　　　　● 香雪球

植物配置表

植物名称	图例	高度 (cm)	冠幅 (cm)	胸 (地) 径 (cm)	数量
松		1100~1200	500~600	Φ20~30	3
栎树		850~950	450~550	Φ15~25	3
圆柏		600~650	100~150	—	7
杜仲		300~400	200~250	Φ3~5	5
小龙柏		45~50	20~25	—	—
紫叶小檗		20~30	30~40	—	—
角堇		—	—	—	—
香雪球		—	—	—	—

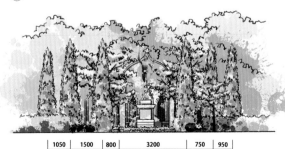

| 1050 | 1500 | 800 | 3200 | 750 | 950 |

立面示意图

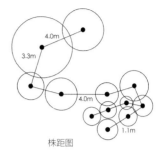

株距图

特点描述

  案例为公园中一处游步道，道路曲径通幽，依靠植物配置营造亲人的尺度。高大雪松作为主景树，统领整个空间，在背景植物和前景植物的围合下，显得更加深邃而富有内涵；八角金盘和球状常绿灌木分布在道路两侧，形成对景，并将游人引导至以雪松为主体的小型围合空间内，具有一定的私密性。

平面示意图

植物名称	图例	高度(cm)	冠幅(cm)	胸(地)径(cm)	数量
雪松		900~1000	550~600	—	2
八角金盘		150~200	100~150	—	2
红叶石楠球		100~120	100~120	—	4
金森女贞球		50~60	45~55	—	2
凤尾兰		45~50	40~50	—	1
铺地柏		30~40	20~25	—	—

植物配置表

| 1250 | 600 | 1150 | 900 | 1200 | 1300 | 1500 | 1700 |

立面示意图

特点描述

　　场地运用中国古典园林的造景手法，置石与地形力求再现自然丘陵湖泊的意境，植物采用自然式种植，突出园中自然野趣。水岸边的菖蒲与置石相结合，营造自然天成之美。水景后的缓坡上种植颜色丰富的红枫、石楠、紫薇、福禄考等植物，突出景观的季节变化，并用以点缀空间，增加了植物景观的立面层次。建筑连廊采用漏景延展空间，并随地形起伏，引导游人从不同视角观赏整个庭院景观。

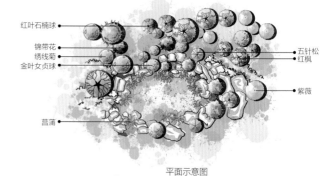

平面示意图

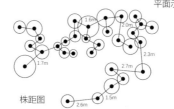

株距图

植物配置表

植物名称	图例	高度 (cm)	冠幅 (cm)	胸（地）径 (cm)	数量
紫薇		250~300	200~250	D30~35	6
红枫		150~250	150~200	D15~20	2
锦带花		150~200	150~200	—	2
五针松		150~200	100~150	D15~20	1
红叶石楠球		100~120	100~120	—	3
绣线菊		100~110	90~110	—	3
金叶女贞球		70~80	50~60	—	4
菖蒲		—	—	—	13

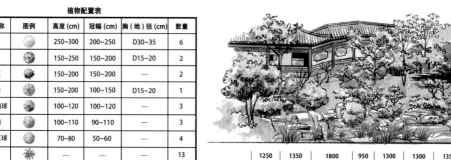

立面示意图

特点描述

　　带有漏窗的白色景墙既是背景也是空间的立体界面，自然石块结合红叶石楠等灌木球界定、修饰植坛边缘；竹子沿墙种植与红枫及漏窗搭配形成漏景，形成空间的韵律感；八角金盘等灌木作为地被将主要景观要素连接为一个整体，整个空间具有典型的江南园林意蕴。

黄金间碧竹
红枫
八角金盘
黄蝉
小龙柏
紫叶李
红瑞木
红叶石楠

平面示意图

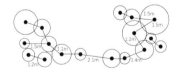

株距图

植物配置表

植物名称	图例	高度(cm)	冠幅(cm)	胸(地)径(cm)	数量
黄金间碧竹		300~400	50~80	—	16株/㎡
红枫		250~300	200~250	Φ10~15	1
紫叶李		200~250	150~200	Φ5~10	1
红叶石楠		60~70	70~80	—	3
黄蝉		60~70	70~80	—	4
红瑞木		40~50	40~45	—	2
八角金盘		40~45	30~40	—	28株/㎡
小龙柏		35~40	30~40	—	32株/㎡

| 1000 | 700 | 600 | 650 | 650 | 850 | 350 | 550 |

立面示意图

特点描述

公园小径与两旁地形存在高差,以自然堆叠挡土石界定园路边缘并突出自然之美,再搭配龙柏球、红叶石楠球、大叶黄杨等灌木发挥软化立面、丰富空间变化和障景作用。雪松等高大乔木作为上层植物景观,增加了空间的郁闭度,并为步道提供了舒适的遮阴。颜色鲜艳的紫叶李和日本晚樱作为中层景观,同时结合地形对其后建筑形成漏景,提升游人的观赏兴趣。

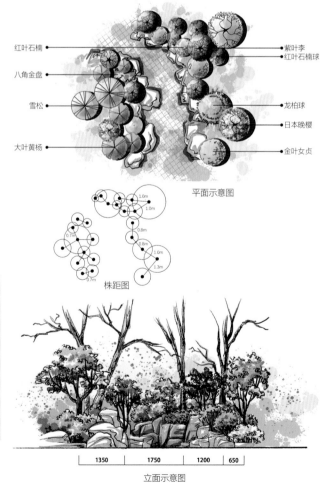

平面示意图

株距图

立面示意图

植物配置表

植物名称	图例	高度 (cm)	冠幅 (cm)	胸(地)径 (cm)	数量
雪松		1000~1100	400~500	—	2
日本晚樱		200~300	150~200	D5~10	2
紫叶李		200~250	100~150	D5~10	4
红叶石楠球		100~120	100~120	—	3
大叶黄杨		80~100	50~60	—	5
金叶女贞		60~70	70~75	—	1
龙柏球		55~65	80~90	—	1
红叶石楠		40~50	30~40	—	2
八角金盘		30~40	20~30	—	—

特点描述

公园中的游步道空间，适当的围合使得空间安静而不沉闷，路旁的微地形留出了一定距离的草坪空间，为观赏植物组团和花带留出了良好的视距，弱化道路边缘的隔离感，结合座椅更适宜停留休息以提升空间的亲和感。草花带以绿色屏障为背景，沿路串联并点缀空间，提升了空间的动感、严整性和秩序感，沿路组团种植的樟树作为空间骨架，疏朗而有序，结合置石，营造疏林草地下沐浴阳光的恬静之美。

• 柳叶马鞭草

• 樟

平面示意图

株距图

植物配置表

植物名称	图例	高度 (cm)	冠幅 (cm)	胸（地）径 (cm)	数量
樟		1000~1200	600~700	Φ25~30	7
柳叶马鞭草		—	—	—	—

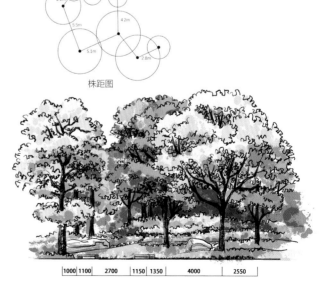

| 1000 | 1100 | 2700 | 1150 | 1350 | 4000 | 2550 |

立面示意图

特点描述

　　园中阁山以地形为基础用山石堆叠而成，石材汀步层层向上，近处搭配无刺枸骨等灌木以营造自然氛围，同时左侧的石楠、紫丁香等植物组团对上下视线进行阻隔，形成视觉屏障。景观亭地势较高，适合观景，三面以国槐围合，营造空间私密性，同时植物衬托出建筑的形态之美，将自然美与建筑美相结合，山石、植物和建筑融为一体，相得益彰。

平面示意图

株距图

植物配置表

植物名称	图例	高度 (cm)	冠幅 (cm)	胸 (地) 径 (cm)	数量
刺槐		1000~1100	500~600	Φ25~35	9
紫丁香		150~200	120~150	—	4
臭椿		150~180	90~100	—	1
石楠		60~70	45~50	—	2
无刺枸骨		30~40	25~35	—	6

| 2150 | 1200 | 1400 | 2700 | 800 | 850 |

立面示意图

特点描述

公园的一处临水景观小品，通过周边植物配置将小品与主体建筑融为一体，并围合营造出静谧的空间氛围。岸边种植水生观赏草本植物衬托出高低错落的条石与流动的水体，增强了景观小品的动感，动静结合。孤植的乔木树形和体量均恰到好处，伸展的枝条既是对景观小品的框景，也是对主体建筑的漏景。整个组合为建筑环境增添了无限生机，可谓妙趣横生，对游人产生极大的吸引力。

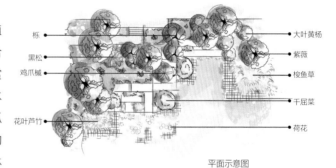

平面示意图

株距图

植物配置表

植物名称	图例	高度 (cm)	冠幅 (cm)	胸（地）径 (cm)	数量
紫薇		700~800	400~500	Φ20~30	9
栎		200~300	150~250	Φ10~15	5
黑松		150~180	120~150	Φ5~10	1
鸡爪槭		150~180	120~150	D5~10	1
大叶黄杨		120~150	150~180	—	3
千屈菜		60~70	—	—	4
梭鱼草		—	—	—	
花叶芦竹		—	—	—	
荷花		—	—	—	

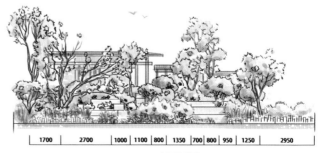

立面示意图

特点描述

　　置石与植物进行艺术组合起到丰富景观空间的作用,在质感上与周围的植物形成强烈对比,给久居都市的人们带来自然野趣。绿植在置石上自然生长使其融入整体景观之中,幽深的小径给人以无限遐想的空间。整体画面的空间形式自由且富于变化,具有较强的景观流动性。

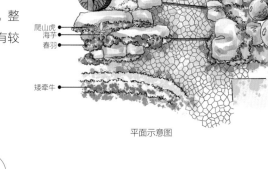

平面示意图

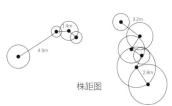

株距图

植物名称	图例	高度 (cm)	冠幅 (cm)	胸（地）径 (cm)	数量
栾树		850~950	400~500	Φ20~25	7
辽东栎木		300~400	300~350	Φ10~20	1
龙柏		80~90	70~80	—	3
海芋		75~85	50~60	—	1
春羽		40~50	35~45	—	—
爬山虎		—	—	—	—
矮牵牛		—	—	—	—

植物配置表

立面示意图

街道休闲区

特点描述

　　场地位于街旁的休闲空间，路边的阶梯平台以及桌椅等设施使得人们可以长时间停留休息，高大茂密的栓皮栎为此平台及周边提供了良好的荫蔽，营造自然林地的茂密感。植物组团与路边留有适当的观赏视距，休息平台与乔木和花池互相融合统一，人亦在景中。

栓皮栎

平面示意图

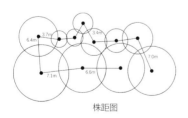

株距图

植物配置表

植物名称	图例	高度 (cm)	冠幅 (cm)	胸径 (cm)	数量
栓皮栎	✳	1000~1200	500~600	30~40	11

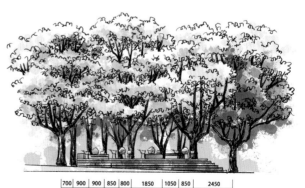

立面示意图

163

特点描述

　　场地位于街旁绿地转角空间，转角树池的红枫从绿色场景中跳脱出来，成为视觉焦点，同时对路径和空间转换具有一定的提醒作用。平台入口处具有迎接感的翠云草等灌木随转角空间种植，增加立面绿量及层次。金属构筑物与周边植物的围合共同构成了街旁休闲空间，营造私属自然的空间氛围。

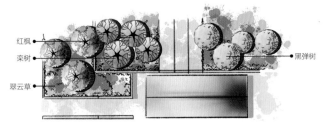

平面示意图

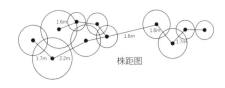

株距图

植物配置表				
植物名称	图例	高度 (cm)	冠幅 (cm)	胸（地）径 (cm)	数量
黑弹树		1000~1100	450~550	Φ20~25	4
栾树		500~600	350~450	Φ15~20	4
红枫		450~550	300~400	D15~20	3
翠云草		40~50	25~30	—	—

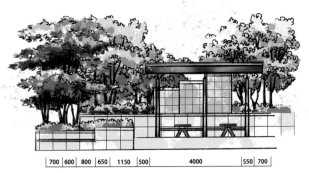

立面示意图

特点描述

　　场地为写字楼下的休息景观区，由周边树池向内凹进而形成的休闲空间，尺度亲人的修剪黄杨沿花池种植，增强空间围合感，使得场地自然且具有一定的私密性。周边分叉点较高的鸡爪槭和油松互相呼应，形成舒适的荫蔽，为周边人们提供一个适宜休憩交谈的空间。

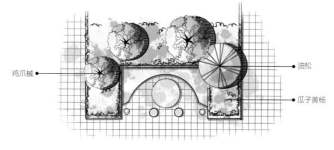

平面示意图

鸡爪槭
油松
瓜子黄杨

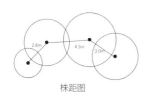

株距图

植物配置表

植物名称	图例	高度 (cm)	冠幅 (cm)	胸（地）径 (cm)	数量
油松		650~750	350~400	Φ20~25	1
鸡爪槭		500~600	250~350	D15~20	3
瓜子黄杨		50~60	30~35	—	—

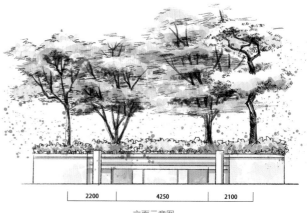

立面示意图

特点描述

　　城市商业综合体围合下的绿地空间具有较高的利用率，是重要的交往场所，花池的高低变化丰富了植物的竖向层次，界定空间，构建屏障，强化空间的围合感与私密性。绿地中间平缓而规整，整齐一致，营造秩序，强化空间的秩序性和恬静感。

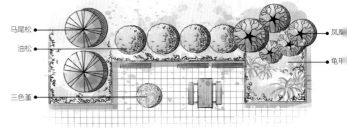

平面示意图

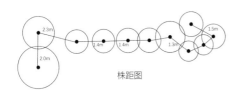

株距图

植物配置表

植物名称	图例	高度 (cm)	冠幅 (cm)	胸 (地) 径 (cm)	数量
马尾松		500~600	400~450	Φ15~20	2
凤凰木		350~450	300~350	Φ10~15	5
油松		150~180	150~200	D 5~10	4
龟甲冬青		40~50	30~35	—	
三色堇		—	—	—	

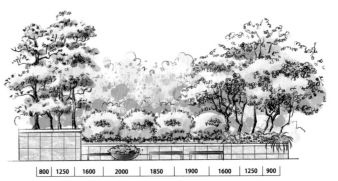

立面示意图

特点描述

　　在方向多、人流密集的道路交叉口，往往设置小型广场发挥引导人流和交通的功能。在入口处对植樱花形成框景，具有强调和标示入口的作用。整形的背景植物衬托出中心圆坛的樱花，形成视觉焦点，并实现人群分流。步移景异，多样变化中实现统一。

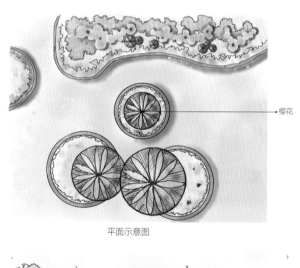

樱花

平面示意图

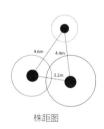

株距图

立面示意图

植物配置表

植物名称	图例	高度 (cm)	冠幅 (cm)	胸径 (cm)	数量
樱花	✳	450~550	350~400	28~32	3

居住区半私密空间

特点描述

　　居住区室外下沉广场空间，具有良好的私密性和安静的氛围。场地以正方形呈45度角划分空间，边角及建筑底部多种植金边黄杨、红花檵木等修建整齐的低矮灌木，作为基础种植并界定空间，保证了庭院空间视线的通透。分散种植的栾树在夏季形成绿荫，增强庭院空间的舒适度。

株距图

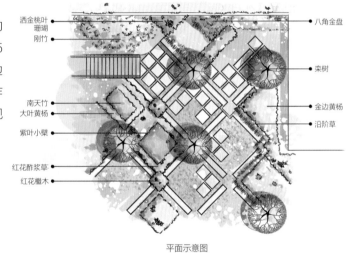

平面示意图

植物配置表

植物名称	图例	高度 (cm)	冠幅 (cm)	胸 (地) 径 (cm)	数量
栾树		1000~1100	500~600	Φ20~25	5
刚竹		400~450	100~150	D3~8	—
南天竹		80~90	30~50	—	—
红花檵木		75~85	60~70	—	—
紫叶小檗		50~60	30~40	—	—
大叶黄杨		45~55	30~35	—	—
洒金桃叶珊瑚		40~50	20~30	—	—
八角金盘		30~40	35~40	—	—
金边黄杨		30~35	25~30	—	—
沿阶草		—	—	—	—
红花酢浆草		—	—	—	—

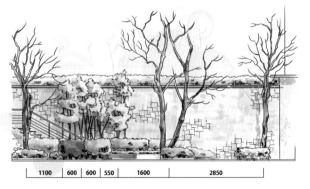

立面示意图

特点描述

　　别墅入口的植物配置往往要发挥界定空间的作用，并产生领地感。本案主要采用灌木模纹实现这一目的，并且完善建筑平面，软化建筑立面。建筑前草坪上对植乔木，力求构图上的均衡，增加入口景深和私密性。次入口对植结香，表达甜蜜幸福的美好寓意，丰富冬季景观，也是对植物组合完美的收尾。

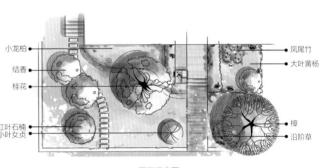

平面示意图

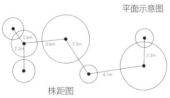

株距图

植物配置表					
植物名称	图例	高度 (cm)	冠幅 (cm)	胸（地）径 (cm)	数量
樟		600~700	400~500	Φ20~25	1
桂花		500~600	300~400	D15~20	1
结香		150~200	200~250	—	3
凤尾竹		250~300	150~200	—	—
小叶女贞		100~150	50~100	D5~10	1
红叶石楠		100~120	150~200	—	1
大叶黄杨		80~90	50~60	—	—
小龙柏		40~50	30~40	—	—
沿阶草		—	—	—	—

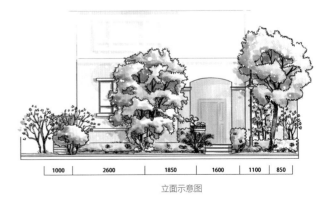

立面示意图

特点描述

    对私密性具有较高需求的别墅业主可在建筑红线边缘设置领域感更强的灌木，同时应突出植物景观丰富的形态、色彩、结构和层次。本案中修剪整齐的红花檵木界定空间，向路面倾斜极具领地感；球形灌木则提示拐点和转折；点缀山茶、桂花和红枫以丰富季相变化和空间层次，凸显别墅景观空间的精致感。

山茶
无刺枸骨球
红花檵木
沿阶草
桂花
红枫

平面示意图

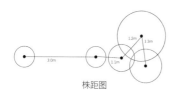

株距图

植物配置表

植物名称	图例	高度(cm)	冠幅(cm)	胸(地)径(cm)	数量
桂花		300~400	200~300	D15~20	2
红枫		200~300	150~250	D10~15	1
山茶		150~180	100~150	D15~20	12
无刺枸骨球		100~150	100~150	—	2
红花檵木		70~80	50~60	—	—
沿阶草		—	—	—	—

立面示意图

特点描述

靠近道路的别墅需要用植物营造空间的围合感，并有效遮挡路人视线。本案以大规格樟树、造型构骨与置石组合形成稳定而丰富的立面构图，构建心理上的屏障，并对别墅建筑形成良好的框景。庭院中点缀桂花、红叶石楠和月季等营造雅致的生活氛围。

黑松
月季
桂花
樟
沿阶草
龟甲冬青
红叶石楠
枸骨
二乔玉兰

平面示意图

株距图

3.5m
2.1m
1.3m
1.3m
1.10m
3.0m
2.8m

植物配置表

植物名称	图例	高度 (cm)	冠幅 (cm)	胸（地）径 (cm)	数量
樟		800~900	400~500	Φ25~30	3
桂花		200~300	150~200	D10~15	1
枸骨		180~200	150~180	D10~15	3
二乔玉兰		100~150	80~100	D5~10	1
黑松		100~150	80~100	Φ5~10	1
红叶石楠		70~80	60~70	—	
月季		60~70	50~60	—	
龟甲冬青		45~55	30~40	—	
沿阶草		—	—	—	

| 1650 | 1100 | 1100 | 2000 | 1350 | 1300 |

立面示意图

屋顶花园空间

特点描述

整个屋顶空间视野开阔，桂花沿建筑走廊列植，强化透视，并在建筑通往屋顶的出口处形成框景。矩形花带与建筑的造型、纹理相统一，在屋顶形成了明快、简洁、鲜亮的色块，木质坐凳与铺装使空间更具自然亲和力，在喧嚣的都市中营造了一处恬静而靓丽的空间。

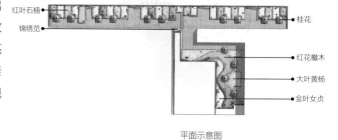

平面示意图

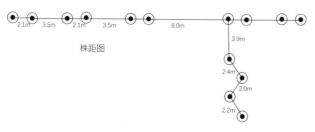

株距图

植物配置表

植物名称	图例	高度(cm)	冠幅(cm)	胸(地)径(cm)	数量
桂花		400~500	300~350	D10~15	14
红叶石楠		40~50	35~45	—	
大叶黄杨		35~45	20~30	—	
红花檵木		35~45	20~30	—	
金叶女贞		35~45	20~30	—	
锦绣苋		30~40	15~25	—	

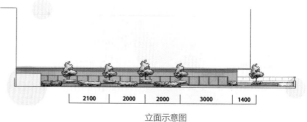

立面示意图

特点描述

    韩国首尔大学环境学院屋顶花园，木质座椅两侧对植松树，背后密植灌木，强化空间的私密感，边缘配置月见草等草本花卉点缀空间，与自然的卵石地面搭配，营造自然恬静的空间氛围。屋顶景观与周边山脉风光浑然一体，人们小憩于木质座椅之上，尽享自然景致之美。

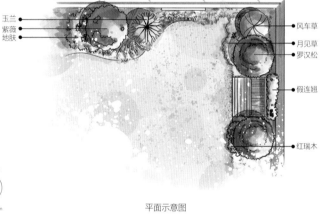

平面示意图

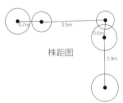

株距图

植物配置表

植物名称	图例	高度 (cm)	冠幅 (cm)	胸（地）径 (cm)	数量
罗汉松		150~200	100~150	D5~10	2
紫薇		150~180	100~150	D3~8	1
玉兰		100~150	80~100	D3~5	1
假连翘		90~100	70~80	—	—
风车草		70~80	50~60	—	—
地肤		—	—	—	—
红瑞木		30~40	30~35	—	—
月见草		—	—	—	—

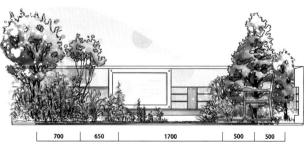

立面示意图

半私密庭院

特点描述

采用古典园林中的框景手法，设计将江南青瓦白墙的景墙与花台结合起来，作为庭院入口的对景，直接点题。框景内植物色彩丰富，背景植物群落隐约深邃，似无穷尽，植株高出景墙，营造"庭院深深深几许"的景观意境。

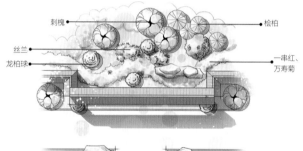

刺槐
桧柏
丝兰
龙柏球
一串红、万寿菊

银姬小蜡

平面示意图

株距图

植物名称	图例	高度 (cm)	冠幅 (cm)	胸（地）径 (cm)	数量
刺槐		400~500	350~400	Φ20~25	5
桧柏		250~300	90~120	—	4
丝兰		60~80	50~60	—	3
龙柏球		100~120	90~100	—	5
银姬小蜡		100~120	90~100	—	3
一串红、万寿菊		23~30	20~25	—	—

植物配置表

| 1400 | 1000 | 1350 | 900 | 900 | 1600 | 1600 |

立面示意图

特点描述

　　江南古典私家园林中，常以粉墙为背景，其前置玲珑山石与高低乔灌木组合构成错落有致的景观小品，如一幅描绘自然山水的国画作品，配以点题的文字，体现了古典园林的诗画情趣和意境蕴涵，丰富了小空间的艺术感染力。其魅力不仅在于创作出赏心悦目的形式美和园林景观，更深刻地表达出一种中国传统文化所特有的审美意蕴。

平面示意图

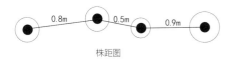

株距图

植物配置表

植物名称	图例	高度(cm)	冠幅(cm)	胸(地)径(cm)	数量
垂丝海棠		210~220	120~130	D4~5	1
罗汉松		250~280	180~200	Φ6~7	1
山茶		150~170	70~80	D6~7	2
麦冬		20~40	20~25	—	—

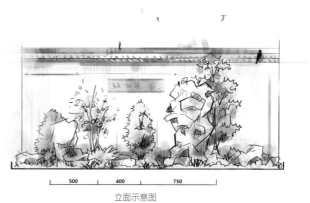

立面示意图

特点描述

庭院入口绿化既要与建筑风格相融合，也是庭院内园林风格的代言。入口植物配置以置石搭配树木、花卉的自然式组合，突出主体风格，体现白墙黛瓦的古典建筑样式。白墙为背景，乔木与石景巧妙组合，大花海棠等花卉铺垫于前，犹如一幅中国绘画作品，尽显诗情画意。

平面示意图

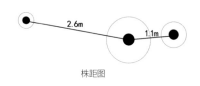

株距图

植物配置表

植物名称	图例	高度 (cm)	冠幅 (cm)	胸（地）径 (cm)	数量
榕树		250	250	Φ20	1
大花海棠		20~50	15~20	—	—
长春花		20~40	15~30	—	—

立面示意图

私密空间

園林庭院空间

住宅私密空间

园林庭院空间

特点描述

　　瘦西湖园路转折处的一组绿地景观，水杉尖塔形树冠高低错落，形成极强的韵律感，于拐角处突变为卵型树冠的枫杨，对比强烈，林冠线结构和变化更加丰富。以色彩艳丽、活泼的草本花卉为前景，形态各异的自然石块围合绿地边缘，充满了自然的气息，球形灌木配合小型置石为中景，丰富了植物层次。

枫杨
黄栌
金鸡菊
水杉
矮牵牛

平面示意图

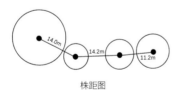

株距图

植物配置表					
植物名称	图例	高度 (cm)	冠幅 (cm)	胸（地）径 (cm)	数量
水杉		1000~1100	350~400	Φ20~25	6
枫杨		800~900	600~650	Φ25~30	1
黄栌		350~400	250~300	Φ8~12	1
金鸡菊		—	—	—	—
矮牵牛		—	—	—	—

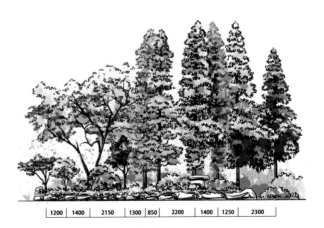

1200	1400	2150	1300	850	2200	1400	1250	2300

立面示意图

特点描述

依廊而建的牡丹园，由廊围合为庭院空间，植坛边缘采用沿阶草与湖石相结合，有若天成；最高置石位于植坛拐点和廊主要方向的对景位置，从廊的各个视点均可欣赏庭院中太湖石的玲珑之美，且与廊拐角处的孤植桂花相映衬，使建筑美与自然美融为一体。

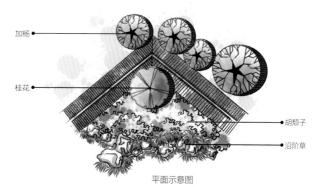

平面示意图

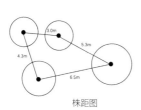

株距图

植物名称	图例	高度 (cm)	冠幅 (cm)	胸（地）径 (cm)	数量
加杨		1100~1200	400~500	Φ25~30	4
桂花		400~450	300~350	D10~15	1
胡颓子		50~60	35~40	—	25 株 / ㎡
沿阶草		15~20	15~25	—	23

植物配置表

立面示意图

179

特点描述

　　建筑通透与密实相结合，既是水景与绿地之间的界线和连接点，也是赏景的驻足点，综合框景和障景手法，营造庭院深深之感。立面上以垂柳为背景，前景植物通过乔灌草结合，配以黄石，力求强化建筑的韵律感，选用红枫等色叶树和花卉，丰富建筑立面色彩。开阔草坪中的两株珊瑚树对植，犹如构图边界，亦形成良好的底色和视距。

平面示意图

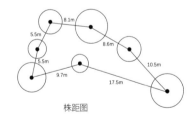

株距图

植物配置表

植物名称	图例	高度(cm)	冠幅(cm)	胸（地）径(cm)	数量
樟		1000~1100	600~650	Φ20~25	2
垂柳		850~950	550~600	Φ25~30	1
珊瑚树		500~600	500~550	D10~15	3
红枫		400~500	350~450	D15~20	4

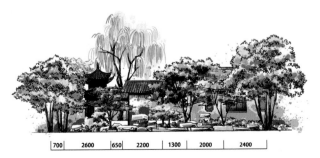

立面示意图

特点描述

扬州个园之秋山为全园制高点，"秋山宜登，游走腾挪于尺幅之间，如历千山万壑，尽得攀登险趣。"黄石堆砌山体，有摩霄凌云、咫尺千里之势。山间植红枫等色叶树，营造天然山林之美。秋时浓妆重彩，夕阳凝辉，霜色愈浓，使人顿生秋高气爽之感。

平面示意图

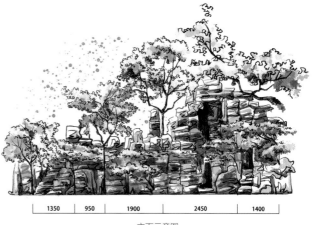

株距图

植物配置表					
植物名称	图例	高度 (cm)	冠幅 (cm)	胸（地）径 (cm)	数量
鸡爪槭		600~650	350~400	D15~20	4
黑松		200~250	200~250	Φ5~10	1
红枫		150~200	200~250	D5~10	3

立面示意图

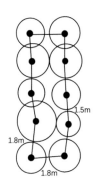

株距图

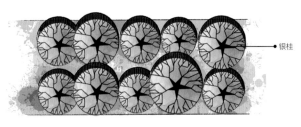

平面示意图

特点描述

扬州个园的一处私密小径，两侧白墙提亮狭窄空间，两侧列植银桂采用重复律和整齐一致律，增强透视感和郁闭度，一方面视觉上延伸了道路的长度，突出其优美的枝干线条，形成一道笔直的绿色拱廊，提供阴凉舒适的步行空间；另一方面，走出廊道后空间由小突变为大，有豁然开朗之感。

植物配置表

植物名称	图例	高度 (cm)	冠幅 (cm)	地径 (cm)	数量
银桂		500~600	200~250	15~20	10

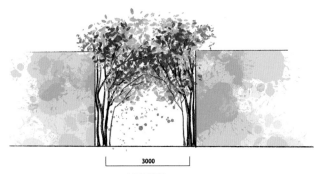

立面示意图

特点描述

　　庭院出入口处的对景，三面围合为院落空间，具有一定的私密性。以特置石块为主体展开植物配植，南天竹、羽毛槭等灌木前后簇拥、水平延展，宛如山峰高耸于丛林之中，营造自然基调。石楠与竹充实柔化庭院角落，并与石对置，刚与柔、虚与实相衬托，平衡重心。

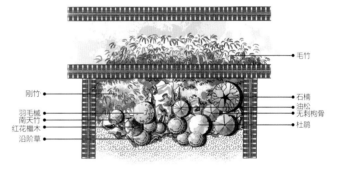

平面示意图

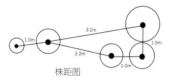

株距图

植物配置表

植物名称	图例	高度(cm)	冠幅(cm)	胸(地)径(cm)	数量
毛竹		1000~1100	150~200	D3~5	21
刚竹		600~650	100~150	D3~5	15
南天竹		20~30	40~50	D3~5	5
石楠		500~550	300~350	D5~10	1
羽毛槭		150~200	200~250	D5~10	1
油松		100~120	50~100	D4~7	1
无刺枸骨		80~100	60~70	—	2
红花檵木		70~80	40~50	—	1
杜鹃		50~60	30~40	—	1
沿阶草		—	—	—	

| 950 | 950 | 2500 | 1450 | 1000 | 1350 |

立面示意图

特点描述

冠云峰庭院由建筑围合，冠云楼的横向与冠云峰的竖向对比，竖向上则更衬托出冠云峰的高，凸显了冠云峰庭院的尺度。花木配置在立面上主要分3个层次：第一层是运用传统对比手法，设置于冠云峰石下的地被竹类（箬竹）；第二层是小乔木和大灌木类（如黑松、对节白蜡及桂花等），起到隔景作用，收四时之烂漫；第三层是白皮松等大乔木，高度约为10米，对整个冠云峰庭院景观空间重心的平衡起到了重要作用。

对节白蜡 黑松 白皮松 桂花 红枫 箬竹

平面示意图

株距图

植物配置表

植物名称	图例	高度 (cm)	冠幅 (cm)	胸（地）径 (cm)	数量
白皮松		700~800	400~450	Φ15~20	1
对节白蜡		500~600	350~400	D10~15	3
桂花		350~400	300~350	D8~15	1
黑松		250~300	250~300	Φ10~15	2
红枫		100~200	200~250	D5~10	1
箬竹		—	—	—	—

1050	5300	2300	3100	1950

立面示意图

特点描述

　　江南私家园林院落入口处往往以白墙为背景设置一组植物小品，湖石构建小品的基本构架，高低起伏、藏露婉转，如自然山川地貌，充满野趣。桂花为主景树。树下光影斑驳而柔和，赏之如同置身世外，一侧草花流光溢彩，有入口迎宾之意。竹、石笋、南天竹等为隔景，更显文人园林之天然雅致。

平面示意图

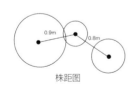

株距图

植物配置表

植物名称	图例	高度 (cm)	冠幅 (cm)	地径 (cm)	数量
桂花		700~800	400~450	D20~30	2
南天竹		50	70~80	D2~5	1
竹		150~200	50~80	D2~5	—
新几内亚凤仙		—	—	—	—

立面示意图

特点描述

　　园林中建筑隔水而望形成对景是常用的造景手法，亭子与对岸的舫均采用挑檐，为凸显其建筑的飞翘之美，建筑均采用朱红色，亭子独立而通透，以岸边成片的垂柳加以衬托，柳条与亭子的立柱形成统一的韵律；而舫在横向上体量较大，需以高耸的植物背景加以凸显。广玉兰与构树对植，素馨覆盖置石柔化驳岸，使得景观更加自然生动。

平面示意图

株距图

植物配置表

植物名称	图例	高度 (cm)	冠幅 (cm)	胸（地）径 (cm)	数量
乌桕		600~650	450~500	Φ25~30	1
垂柳		550~600	400~450	Φ15~20	2
构树		500~550	350~400	Φ15~20	1
广玉兰		400~450	300~350	Φ15~20	1
水杉		900~950	300~400	Φ20~25	1
素馨		—	—	—	11

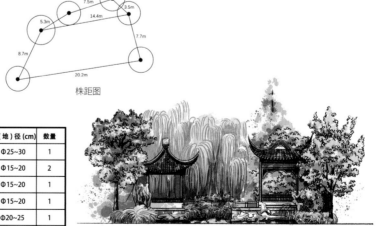

| 1900 | 2800 | 4950 | 4500 | 3200 | 2000 |

立面示意图

特点描述

　　拙政园小飞虹是苏州园林中极为少见的廊桥。朱红色桥栏倒映水中，水波粼粼，宛若飞虹，古人以虹喻桥，用意绝妙，桥影势若飞动，不仅是连接水面和陆地的通道，而且构成了以桥为中心的独特景观。廊桥两侧对植乔木，色彩上以绿衬红，突出廊桥的形态和动感，亦作框景，妙趣横生。

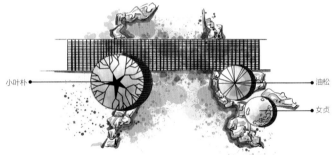

平面示意图

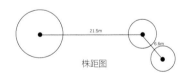

株距图

立面示意图

植物配置表					
植物名称	图例	高度 (cm)	冠幅 (cm)	胸径 (cm)	数量
小叶朴		1000~1200	750~800	30~40	1
油松		800~900	550~600	15~20	1
女贞		600~650	400~500	10~15	1

特点描述

　　网师园殿春簃的设计相当精致，半亭——冷泉亭与孤植白皮松形成对景，亭周围都是置石与树木，两株桂花，与树木掩映之中的亭子的一角飞檐，从观亭转换为观树、观石，置石有竖立成峰，也有连绵成台。树有团团如簇，也有舒展如盖。前后山石树木景观则突出了"林泉"的意境。可见，殿春簃的造景看似简单，实则非常巧妙。

平面示意图

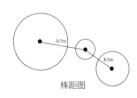

株距图

植物配置表

植物名称	图例	高度 (cm)	冠幅 (cm)	胸（地）径 (cm)	数量
白皮松		600~700	600~650	D35~40	1
桂花		500~550	300~350	Φ15~20	1
凤尾竹		60~80	60~70	—	1
芍药		—	—	—	

立面示意图

住宅私密空间

特点描述

　　别墅入口通往屋后庭院的石板小径,临街的一侧密植竹林强化场地边界,并形成视觉屏障,沿汀步方向引入后院,典雅而幽深,具有强烈的视觉导向性。另一侧则在建筑与汀步之间密植南天竹及三株棕榈,形成主景,具有保护私密性和引导方向的作用。

刚竹

棕榈

南天竹

平面示意图

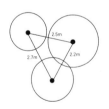

2.5m

2.7m　2.2m

株距图

植物配置表

植物名称	图例	高度(cm)	冠幅(cm)	地径(cm)	数量
刚竹		350~450	40~50	3~5	—
棕榈		300~400	150~200	15~20	3
南天竹		50~60	30~35	—	—

| 1150 | 1500 | 1900 | 3700 |

立面示意图

特点描述

别墅入口通往屋后庭院的石板小径，临近建筑一侧以十大功劳作为基础种植，并分割室内外空间。临街的一侧密植竹林强化场地边界，并形成视觉屏障，沿汀步方向引入后院，具有强烈的视觉导向性，小径入口处一株桂花树强化导视性。

平面示意图

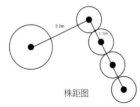

株距图

植物配置表

植物名称	图例	高度 (cm)	冠幅 (cm)	地径 (cm)	数量
刚竹		350~450	40~50	3~5	—
桂花		150~200	150~180	5~10	1
十大功劳		90~100	45~50	—	—

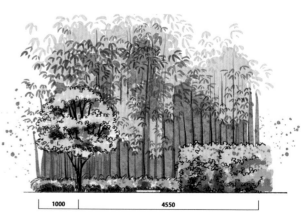

立面示意图

特点描述

　　密植的竹林为庭院提供了私密性的保障和背景，提升了庭院空间的亲和力和文化氛围。竹林前划出休憩空间，点缀枸骨、山茶等灌木，形成围合感，草坪空间简洁舒朗，充盈着浓郁的生活气息。

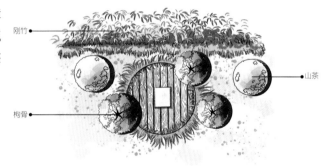

平面示意图

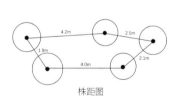

株距图

植物配置表

植物名称	图例	高度 (cm)	冠幅 (cm)	地径 (cm)	数量
刚竹		350~450	40~50	3~5	—
山茶		150~200	100~150	5~10	2
枸骨		90~100	50~60	—	3

立面示意图

特点描述

　　上海某别墅的庭院空间，庭院四周密植常绿灌木，界定并围合空间，点缀常绿阔叶乔木，突出层次并形成视觉屏障。鸡爪槭、山茶等点缀于路缘和道路拐点处，增强空间亲和力，空间开合有度，富于变化，营造了良好的居住休闲空间。

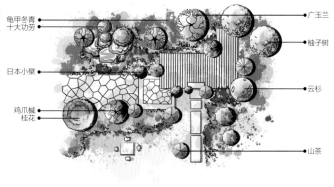

平面示意图

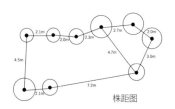

株距图

植物名称	图例	高度(cm)	冠幅(cm)	胸(地)径(cm)	数量
广玉兰		800~900	450~500	Φ25~30	1
柚子树		700~800	300~350	Φ10~15	2
桂花		650~750	350~400	D15~20	1
云杉		300~400	250~300	D10~15	1
鸡爪槭		200~300	200~250	D5~10	2
十大功劳		100~150	50~60	—	4
山茶		50~60	55~65	—	4
日本小檗		40~50	35~45	—	3
龟甲冬青		—	—	—	—

植物配置表

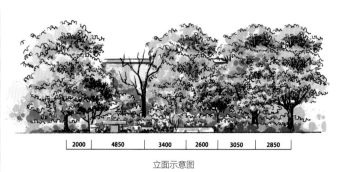

| 2000 | 4850 | 3400 | 2600 | 3050 | 2850 |

立面示意图